少年科普热点

动物乐园

DONGWU LEYUAN

中国科学技术协会青少年科技中心　组织编写

科学普及出版社

·北京·

组织编写　中国科学技术协会青少年
　　　　　科技中心
丛书主编　明　德
丛书编写组　王　俊　魏小卫　陈　科
　　　　　　周智高　罗　曼　薛东阳
　　　　　　徐　凯　赵晨峰　郑军平
　　　　　　李　升　王文钢　王　刚
　　　　　　汪富亮　李永富　张继清
　　　　　　任旭刚　王云立　韩宝燕
　　　　　　陈　均　邱　鹏　李洪毅
　　　　　　刘晨光　农华西　邵显斌
　　　　　　王　飞　杨　城　于保政
　　　　　　谢　刚　买乌拉江

策划编辑　肖　叶　李　睿
责任编辑　许　倩　李　睿
封面设计　同　同
责任校对　林　华
责任印制　李晓霖

目录

第一篇
写在前面的话

　　说起动物，没有人不知道：让人宠爱的小猫、小狗、小猪、小兔子，歌声清脆婉转的小鸟，悠游自在、色彩斑斓的金鱼，动物园里顽皮的小猴、高傲的长颈鹿、绅士派头的大象，还有让人望而生畏的蛇、憨态可掬的大熊猫等等。可是你能告诉我究竟什么是动物吗？也许你会说能活动的生命就是动物。这听起来差不多，可是不对。有一种生长在沙漠里的植物每当缺水的时候就会自己搬家，个头非常小的植物和动物都一样在水里游来游去的。事实上，动物共同的特点是必须取食外界的有机物才能生存，一般说来它们的活动能力更强，活动范围也更广。全世界已经定名的动物大约有 120 万种，并且可以肯定地说，地球上没被发现的动物还有不少。如果再加上在动物进化过程中已经灭绝的种类，那就更多了。但动物究竟是从哪儿来的呢？

　　大约 46 亿年前，地球诞生了。不过，那时候的世界，条件非常恶劣，什么也存活不了。没有充足的生存条件，没有任何生命存在。数不清的岁月过去了，原始海洋形成了，虽然还是没有诞生生命，但是构成生命的基本物质已经在孕育了。不知道又过了多少时日，虽然还没有氧气，但是小分子有机物在闪电以及宇宙射线的作用下聚合形成了大分子，顽强的生命终于萌芽了。生命从无到有，从简单到复杂，不仅数量增加了，种类也越来越多样，地球上变得热闹起来了。于是我们看到天上地下，飞禽走兽；林间水中，爬虫游鱼。精彩的生命充盈着这个地球。人类生存的地球，真像是一位慈祥的母亲，养育着万物众生。

动物大家庭的成员有多少?

　　早在公元前 3 世纪，古希腊科学之父亚里士多德认为动物一共有 450 种；18 世纪初，第一个动植物分类学家林奈认为有 4000 种动物；19 世纪初有人统计动物家庭成员一共有 48 000 种；19 世纪末增加到 50 万种；到目前已知的动物家庭成员大约有 120 万种。动物家庭成员的数目，是随着人们动物学知识的积累逐渐增加的。其实自然界中实际动物家庭成员的数量远远超出人们目前所做出的统计数字。

　　就拿昆虫来说，在 19 世纪 30 年代，当人类还只知道有 3 万种昆虫时，曾经有昆虫学家推测说，自然界中还有约 60 万种昆虫没有被发现，到 20 世纪这种推测被证实了：昆虫的种类已达 70 万种，占整个动物种类的 2/3。目前科学家又做出推测，自然界中还有 200 万种左右的昆虫没有被发现。人类在动物的研究上还有许多没有弄清的问题，随着这些问题得到解答，动物家庭成员很可能也将不断增加。

美丽的珊瑚

在动物家庭成员中，最微小、最简单的是原生动物，它们的身体只由一个细胞组成。比如在水沟、水塘边上常常能发现草履虫、眼虫。有时因为饮食不卫生而引起的痢疾，就是原生动物中的变形虫在作怪，它寄生在人的肠道内，引起腹泻。比原生动物高级一些的是海绵动物，它们的身体由多个细胞组成，海绵动物生活在海洋或淡水里，有时在水下的石块上长出一个个"瘤子"状的东西，就可能是海绵动物聚集在一起形成的。珊瑚虫属于腔肠动物，是动物家庭成员中的一大类群，它们又比海绵动物的身体构造更复杂。在腔肠动物中不仅有美丽的珊瑚虫，还有漂亮的水母、怪模怪样的水螅等

等。其实，珊瑚虫本身并不好看，人们欣赏的五彩缤纷的珊瑚花是由珊瑚虫分泌的钙质骨骼构成的，并不是珊瑚虫本身。

根据动物身体外形的不同，动物家庭成员中还包括扁形动物、线形动物、环节动物、软体动物、节肢动物、棘皮动物和脊索动物。在每一类中我们都能找到熟悉的动物。扁形动物几乎都是一些寄生虫，如血吸虫、绦虫等。蛔虫、蛲虫是线形动物，它们的身体细长，呈圆柱形。环节动物身体上有许多环节，蚯蚓、水蛭（也就是蚂蟥）是属于这一类群的动物。蜗牛、牡蛎、蛤蜊、乌贼等都属于软体动物，它们的身体柔软，通常还背着一个保护其身体的硬壳。节肢动物可能是人们

美丽的海星

白 头 鹰

最熟悉的了，蜈蚣、虾、蟹、蜘蛛和所有昆虫都属于这一门类，是动物家庭中种类最多的。棘皮动物全部生活在海洋中，海星、海参等就属于这一类。脊索动物是动物中最高等的一类，它们的背上出现了一条脊椎，鱼类、飞禽、走兽都是脊索动物。动物家庭成员包括120多万种，10大门类，真是自然界的一个大家族。

动物乐园 DONGWU LEYUAN

世界上最大的动物有多大？

当今世界上最大的动物要数鲸了。人类捕获到的最大的鲸，长 33 米，体重达 150 吨，相当于 30 头大象或 150 头牛的重量。陆地动物中，几亿年以前是恐龙称雄，这种巨大动物最大的身长 14 米，高 5.5 米。现代陆地动物以非洲象为大，它体长 4.5 米，高约 3.5 米，重 5 吨，不过若是和当年的恐龙比起来就逊色多了。除了大象，犀牛和河马也是体形巨大的动物。犀牛中最大的非洲犀，身长 5 米，高 2 米，重 2 吨以上，这种巨大的草食动物，头上生着双角，第一只角 1 米多长，第二只角却与普通的牛角差不多。河马是一种外形壮硕而笨重的野兽，白天长久地浸没在水中，只把眼和鼻孔露出水面，身长 4 米，肩高 1.5 米，体重 3 吨。长颈鹿虽谈不上巨大，但却称得上是世界上最高的动物，它伸长脖子时，足有 6 米高，虽然它高，但它并不笨重，它奔跑的速度甚至连快马都赶不上。动物界中无奇不有，大得惊人，小得离奇，但不管是"巨人"还是"袖

动物乐园 DONGWU LEYUAN

旷野中的犀牛母子

珍"，在它们各自的生存竞争中，大有大的
难处，小有小的苦衷，因为大动物要为食物
而发愁，小动物却有常被别的动物当成食物
的危险。然而，生物界就是在这种大小动物
之间的互相竞争却又相互依赖、相互协作中
共同发展、变化的。

为什么我们要爱护动物？

我国地域辽阔，地形复杂，气候条件多样，动物资源十分丰富。据调查，我国现有脊椎动物 6300 多种，约占全世界所有种数的 14%。其中兽类 500 多种，鸟类 1240 种，爬行类 380 多种，两栖类 290 多种，鱼类 2200

小鹿的眼神里好像有些许无奈

动物乐园 DONGWU LEYUAN

我国珍贵的保护动物东北虎

多种。有些动物例如兽类中的大熊猫、白鳍豚、金丝猴，鸟类中的褐马鸡、金鸡、黑颈鹤以及两栖爬行类中的大鲵、扬子鳄等100余种都是我国特有或主要栖息于我国的珍贵动物。

　　动物是我们的远祖，更是我们的好伙伴，和人类一起共同享有这个地球也不知道有多少年了。到了现代社会，动物却遭到了人类无情的袭击。据科学家统计，人为的物种灭绝速度比自然灭绝速度要快1000倍。地球上的物种，由于人类的摧残和自然环境的恶化而从过去平均每天灭绝1种，发展到今天平均每小时灭绝1种！许多几年十几年前还随处可见的生物，转眼间已成珍稀；一些近年来才发现的新种，刚一露头便已濒临灭绝。

在地球上，人类正在失去一个个朋友，在对大自然实行"主宰"的同时，人类也正在一天天把自己推向危险的边缘。爱护、保护野生动物是中华民族的优良传统，远在三千

日本捕鲸船猎鲸

国宝大熊猫的处境令人担忧

多年前的周代，就已经开始制定保护野生动物的政策了，以后的各个朝代都颁发过相关的法令。中华人民共和国成立后，政府逐步使野生动物的保护工作走向了规范化和科学化，不仅先后设立了专门保护机构，还制定了像《中华人民共和国野生动物保护法》等基本法，使野生动物的保护管理走上了法制化的轨道。为了更有效地拯救和保护野生动物资源，我国在珍稀野生动物的重要栖息地和繁殖地陆续建立了自然保护区。如今，生活在各个自然保护区的动物得到了精心保护，一些濒于灭绝的物种也逐渐恢复，种数和种群数量都有了一定的发展。

动物是人类最亲密的朋友

　　动物是人类最亲密的朋友，爱护和保护它们是我们应尽的责任和义务。我们每个人的力量也许很微薄，难以扭转乾坤，但我们能够做到从自己做起，呵护和尊重我们身边的一草一木、一鸟一兽，我们可以用这样的方式表达我们对大地母亲的爱，通过这种方式维护地球——我们共同的家园。

第二篇
史前动物

三叶虫生活在哪里？

三叶虫是一种已经灭绝了的节肢动物，我国早在三百多年前，即明朝崇祯年间就在山东泰安发现了三叶虫化石。

三叶虫最早是随着寒武纪初期的小壳动物群而出现的，小壳动物群主要是指软舌螺、腹足类、单板类、喙壳类和分类位置不明的一大批个体微小（一般仅 1～2 毫米）、低等的软体动物，当时的海洋条件已经适合

三叶虫的化石

节肢动物化石

于它们生存，这些动物给三叶虫带来了丰富的食物来源，在那时的海洋中，三叶虫还没有遇到有力的竞争对手。

　　三叶虫的身体分为头部、胸部和尾部三个部分，背面的甲壳坚硬，正中突起，两肋低平，形成纵列的三部分，所以叫作三叶虫。由于三叶虫的背壳坚硬，所以容易被保存成为化石。我们今天了解这种绝灭了的动物，全是通过化石来认识它们的。三叶虫的头部由于覆盖有硬甲，可称为头甲，头甲上中央隆起的部分叫头鞍，头鞍的形状和大小在不同种类中变化较大，头鞍前部是头盖，上面发育着眼脊、眼叶和眼。头盖两侧的边缘下凹并延展形成活动颊，活动颊常常进一步形成十分尖锐的颊刺，伸向身体的后方，整个头甲是三叶虫分类和种属鉴定的重要依据。

　　三叶虫身体能够蜷起或伸展开全靠活动的胸节，但幼年的三叶虫没有胸节。尾甲是指三叶虫身体末端由若干体节融合而成的部分，它们形成三叶虫独特的尾部。三叶虫的尾一般是半圆形，由于尾的边缘常常形成大小不同的尾刺，使许多三叶虫的尾伸展、放射，变得很美丽。整个三叶虫的背面硬而光滑，但科学家们发现有些种类在背甲上具有小瘤或小结节，这些小瘤和小结节与背甲上的颊刺、肋刺、尾刺一起，构成了复杂的防护"盔甲"，可见，当时海洋中即使有比三叶虫强悍的动物，也不敢轻易冒犯它们。

　　我国古生物学家经过多年的研究，认为三叶虫具有复杂的发育过程。三叶虫为雌雄

　　三叶虫广泛分布于世界各地的古生代地层中。全世界现已发现的三叶虫化石有 4000 多种，我国是发现三叶虫化石最多的国家之一，有 1000 多种。

三叶虫化石

异体，卵生，它们一生的发育要经过多次的
蜕壳才能完成，现在的许多节肢动物都承袭
了三叶虫的生长方式。三叶虫从幼虫到成
虫，一般经历三个生长阶段，即幼年期、分
节期和成虫期。三叶虫长大以后就可以在海

洋中无忧无虑地生活了，迄今为止，人们还没有在陆相地层中发现三叶虫化石，这说明这种动物确实只生存在海洋里。由于三叶虫化石常常与珊瑚、腕足动物、头足动物共同出现，表明它们都喜欢生活在比较温暖的浅海。在那里，三叶虫以各种微小的生物为食，或者也对海草及动物的尸体感兴趣。可以肯定，它们不具有主动攻击的能力，因为三叶虫没有良好的游泳器官，也不具备流线型的体形，在水中行进的速度较慢。从它们的坚固背甲可以想象，一旦有凶猛的动物（如鹦鹉螺类）向它们摆出进攻的架势时，三叶虫会迅速把身体蜷起，像穿山甲那样把自己保护起来，悄悄沉入海底。

我们现在通过什么手段了解三叶虫？

小问题

甲胄鱼是一种什么样的动物？

甲胄鱼生活在距今5亿年到4亿多年间的古生代时期。它们中的大多数身体的前端都包着坚硬的骨质甲胄，形似鱼类，但没有成对的鳍，活动能力很差，也没有上下颌，限制了它们的主动捕食能力，食物范围很窄，因而没有发展前途。

甲胄鱼是个复杂的类群，包括头甲鱼类、缺甲鱼类、杯甲鱼类和鳍甲鱼类等，体

根据化石还原的泥盆纪时代的鱼（想象图）

型大小不一，小的几厘米，大的几十厘米。生活方式也多种多样，多数种类在海底过着爬行生活，靠吮吸方式在海底觅食。有的种类如杯甲鱼类，有厚厚的鳞片，但缺少鳍，只有倒歪尾。较进步的鳞甲鱼类游泳能力强，能在水层表面取食。大多数甲胄鱼生活在淡水中，它们是最古老的脊椎动物，最早在海洋中游荡，是有着鱼一样的形状的家伙。一听名字大家就知道，它身上一定有坚硬的甲胄。古代的武士用金属薄片制作成战袍和头盔，保护自己的身体。甲胄鱼的铠甲不是金属的，而是骨质的。它的头上长着一个骨质外壳，像头盔一样保护着自己。在四五亿年前的水中，笨头笨脑的甲胄鱼"武士"缓慢地在水底游动，寻找同样移动缓慢的猎物。

泥盆纪是地球生物界发生巨大变革的时期，由海洋向陆地大规模进军是这一时期最突出、最重要的生物演化事件。因此，泥盆纪常被称为"鱼类时代"。

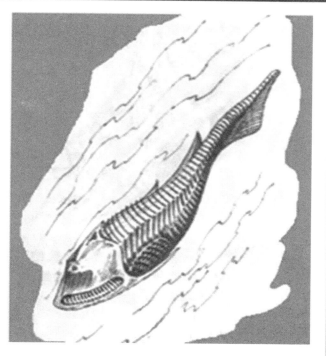

甲胄鱼化石

甲胄鱼虽然灭绝了，但是与它在身体内部结构上很相似的七鳃鳗却仍然在现代海洋中自在地生活着。七鳃鳗的名字来自它的身体两侧各有七个鳃孔。与远古时代的甲胄鱼不同，七鳃鳗舍弃了笨重的骨板，从而可以灵活地在水中游动，大大提高了捕食效率。在进攻还是防御的抉择中，七鳃鳗选择了进攻，并印证了军事家们所言，进攻是最好的防御。

SHAONIAN KEPU REDIAN

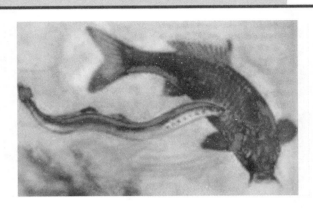

七　腮　鳗

　　从人类战争史中，我们就可以推测出甲胄鱼的命运。原始人类赤膊上阵，打起仗来奋不顾身；后来学精明了，用坚硬的铠甲保护自己；当快速灵活的骑兵出现后，纵横疆场的铁骑立刻冲跨了笨重的武士阵形。在冷兵器时代，骑兵在战争中可谓威风八面。甲胄鱼在水中战场上，最大的劣势就是速度太慢。虽然能够保护自己不被敌害攻击，却追不上猎物，也只能忍饥挨饿。因此，到了泥盆纪末期，这些古代武士们便悲壮地退出了地球历史的舞台。

小问题

甲胄鱼为什么会退出历史的舞台？

最早的鸟类有四只翅膀吗？

很早就有人提出，鸟最早是用四只翅膀滑翔的，后来才进化成骨骼轻巧、拍动双翼的飞行高手。这一理论最近得到了对始祖鸟化石最新研究结果的支持。该研究表明，始祖鸟的背和腿如翅膀一样，也长着很长的羽毛。

鸟类的起源——始祖鸟（想象图）

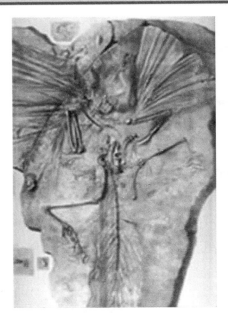

始祖鸟化石

　　始祖鸟化石在鸟类化石中最有名，人类最早在 140 年前发现的始祖鸟化石，目前保存在德国柏林洪堡博物馆。据英国科学家分析，始祖鸟在背上、腿上还可能在脖子底下都长有廓羽，而且这些廓羽与现代鸟类相似。加拿大一所大学的一位研究生在《新科学家》杂志上发表报告，称柏林始祖鸟的腿长有 3.5 厘米长的羽毛，并认为这些羽毛太短不能用于飞翔，可能是始祖鸟的祖先有四只翅膀，这些羽毛是其后翼的残留物。

　　食肉恐龙化石也有力地支持了最原始鸟

类使用四翼滑翔的观点。这一被称为"顾氏小盗龙"的恐龙化石显示，其四肢均覆盖有飞行用的羽毛。顾氏小盗龙的出现比始祖鸟晚2000万年，是现知与鸟类关系极为密切的最古老两脚食肉恐龙。事实上，始祖鸟除了长臂，其余骨骼不是与鸟类而是与小型食肉恐龙更为相似。

从顾氏小盗龙的发现和对始祖鸟腿上羽毛的分析，两位丹麦科学家还得出结论说，与飞行有关的进化过程是从羽毛开始的，而使鸟强壮善飞的那些骨骼上的变化，如鸟类典型的肩关节、有力的腕关节、短背和短

鸟类的化石比其他脊椎动物的都要少，对鸟类起源的争论一直没有停止。主要有槽齿类起源说、恐龙起源说和鳄类姊妹群说三种，其中槽齿类起源说和恐龙起源说在最近争论得比较激烈。近年发现的化石特别是在中国辽西发现的一系列化石再一次挑起关于鸟类的起源的争论，但是要想得到确切的结论尚需要更多化石的发现。

用四只翅膀滑翔的顾氏小盗龙（想象图）

尾，都是后来逐渐发生的。由于鸟类化石极其罕见，所以要解决有关鸟类进化的问题需要发现和研究更多的化石。目前，始祖鸟化石仍然是已知最古老的带有羽毛的恐龙化石。全世界发现的 6 具始祖鸟化石中，只有 3 具身体上存有羽毛。

始祖鸟化石是最早的恐龙化石吗？

小问题

猛犸象为什么会灭绝？

猛犸象是生活在 4 万年至 1 万年前的一种长鼻类巨型哺乳动物。据出土的骨骼化石推算，活着的成象，身高约 3 米，体长约 6 米，体重可达四五吨。那时候在现在黑龙江省的大部分地区分布的头数之多、范围之广，可称为世界之最。猛犸象被专业人员划分为松花江猛犸象和真猛犸象。松花江猛犸

猛犸象（想象图）

猛犸象化石

象又叫长毛象，因为它的体表长着2.5厘米长的短毛，背上长着近半米长的长毛。它们的皮下脂肪也极发达，厚9厘米，背上还长有骆驼式的奇峰。由于黑龙江省属寒带、亚寒带地区，第四纪时那里的冬天特别长，所以当夏天植物繁茂时，猛犸象就猛吃草，将养料储存在"驼峰"里。到了冬季草木枯死、食料不足时，猛犸象就用夏季储存的养料来补充体内的消耗，以适应寒冷的气候。由于长期生存在寒冷地区，猛犸象喜群居，所以又有猛犸象——披毛犀动物群之称。

在分析猛犸象灭绝的原因时，就像恐龙灭绝一样，目前还是众说纷纭，但从现有的资料和研究情况来看，主要是气候变暖，堵塞了它们的迁徙道路，从而使这种喜寒的

"候鸟"式巨型动物，无法再找到适应生存的环境，最终导致了它们的灭绝。现在依然寒冷的西伯利亚和阿拉斯加等地域，有些7万至1万年前的猛犸象还被冻在厚冰中，连毛带肉都保存了下来。俄罗斯西伯利亚的猎人就在冻土层中发现了一具史前猛犸象的遗体。令人惊讶的是，尽管这是一头迄今超过一万年的年轻猛犸象，但是眼睛、大脚垫、甚至是内脏器官都完好无损。化石是生命历史的记录，地下的古猛犸象化石是大自然留给我们的宝贵文化遗产，我们有责任保存好每一件化石，并将其留给子孙后代。

　　生物死后只有在特殊条件下硬体和软体才能一起被保存下来。如1901年在西伯利亚发现的保存在冻土内的第四纪猛犸象。不仅骨架完整，连皮、毛、血肉都保存完好，甚至胃里尚保留着半消化的食物。这件猛犸象的标本以及用药水泡制过的内脏，现在都保存在圣彼得堡科学院动物陈列馆里。化石只能在沉积岩中才会有，岩浆岩、变质岩中不会存在。

想象中的猛犸象

食草的猛犸象怎样度过漫长的寒冬？

小问题

翼龙是从爬行动物进化而来的吗？

　　在人们的眼里，翼龙是一种很奇特的爬行动物，它起源于约2.15亿年前，是恐龙的近亲，与恐龙同时出现又同时灭绝。它出现时便能在空中翱翔，比鸟类早约7000万年飞上蓝天，是第一种会飞的爬行动物。它或大如飞机，或小如麻雀。当恐龙成为陆地霸主时，翼龙始终占据着天空。翼龙时而栖息在悬崖峭壁上闭目养神，时而快速掠过湖面捕食鱼虾。它们在空中翩翩飞舞，追逐嬉戏，俯瞰大地上的万物生灵。

飞在空中的翼龙（想象图）

我国出土的翼龙化石

　　其实科学家对翼龙的研究和探索走过了一个漫长的历程，通过对大量化石的研究，才有了今天这样的发现。翼龙究竟是一种什么样的动物，这个问题曾困扰科学家很多年。1784年，意大利古生物学家在德国发现第一件翼龙化石时，甚至不能确定它属于哪一类动物。当时人们对它的长相作出种种猜测，画的复原图也千奇百怪。有人认为它生活在海洋里，也有人认为它是鸟和蝙蝠的过渡类型。甚至还有人猜想它是不是就是中国传说中的凤凰呢？直到1801年，法国著名的比较解剖学家居维叶才鉴定并定名它为翼龙，归类于爬行动物。自从翼龙被鉴定之后，人们对这类最早飞向天空的奇特动物就充满了好奇，一直在苦苦探求隐藏在它身上的秘密。翼龙作为一种爬行动物，为什么会飞呢？这一直是科学家研究的热点。

第一篇有关翼龙飞行的论文并不是发表在动物学或古生物学杂志上，而是发表在一本航空学杂志上。那么翼龙是怎样飞行的呢？我们先来看看翼龙的外形，翼龙没有羽毛，它的奇特之处就在它的双翼上。科学家推测，翼龙最初是从一种爬行动物进化而来的，起初它就像鳄鱼一样爬行，经过不断进化，它的第五指退化，第四指不断加长变粗，是其他指头的 20 倍长，前端的爪子已经退化，与前肢共同构成飞行翼的坚固前缘，支撑并连接着身体侧面和后肢的膜，形成能够飞行的像鸟类翅膀一样的翼膜。翼膜是皮状的，非常薄并且柔软，翼膜内没有骨骼支撑。只有纤维分布，翼龙就是靠这样的皮膜在天空滑翔。

中国科学院古脊椎动物与古人类研究所汪筱林和周忠和两位研究员在中国辽西热河生物群中发现了世界上首枚翼龙胚胎化石。这一发现，证明了翼龙与其他爬行动物和鸟类一样是卵生的。

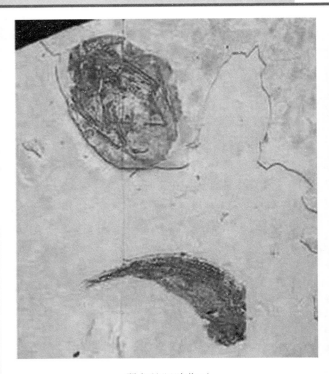

翼龙的胚胎化石

翼龙为什么会飞？

小问题

华阳龙是原始的剑龙吗？

与蜥脚类恐龙的情况相似，剑龙类很可能在侏罗纪早期就已经出现了。但是科学家对早期剑龙类的认识，实际上是从中国四川自贡大山铺出土的华阳龙开始的。华阳龙身长近4米，体重1至4吨。与生活在同时代、同地区的蜀龙、酋龙和峨嵋龙相比，华阳龙太矮、太小了。因此，当那些大家伙仰起脖子大嚼高树上的叶子时，华阳龙却只能啃食

剑龙（想象图）

华阳龙（想象图）

地面附近的低矮植物。

　　华阳龙较为矮小的身体似乎也更容易使它们成为气龙等食肉恐龙的捕食目标。但是，作为最早的剑龙，华阳龙已经发展了一套独特的防御武器，那就是它肩膀上、腰部以及尾巴尖上长出的长刺。当饥饿的气龙攻击华阳龙的时候，华阳龙会把身体转到某个适当的角度，以使它身上的长刺指向进攻者；同时，用带有长刺的尾巴猛烈抽打敌人。这些武器以及这样的防御方式虽然没有强大到能够杀死大型捕食者的地步，但却足以产生威慑效果，使得那些捕食者为了避免受伤而停止对华阳龙的追捕，转而去寻找更容易捕获的猎物。

在华阳龙的背部，从脖子到尾巴中部排列着左右对称的两排心形的剑板。而后来出现的多数剑龙则在身体背部的每一侧都有两排剑板。此外，华阳龙的前后腿差不多一样长，而后期的剑龙类前腿明显比后腿短。这些特点表明了华阳龙确实是剑龙中比较原始的类型。

剑龙长着个像鸟一样的尖喙，喙里没有牙齿，但嘴里的两侧有些小牙。剑龙的背上有 17 块板状的骨头，在尾巴的尖端还有着长刺。这些刺有 1.2 米长。剑龙的前腿比后腿短，前腿有五个脚趾，而后腿有三个脚趾。剑龙走路时用四条腿。它们可能是群居生活。剑龙的脑袋非常小，也许不太聪明。

剑 龙 化 石

身材矮小的华阳龙是如何保护自己的？

小问题

腕龙有几颗心？

　　腕龙长了个长脖子、小脑袋和一条短粗的尾巴，走路时四脚着地。它的前腿比后腿长，每只脚有五个脚趾头，每只前脚中的一个脚趾和每只后脚中的三个脚趾上有爪子。腕龙的牙平直而锋利，鼻孔是长在头顶上的。

　　因为腕龙的脑袋非常小，因此我们推测它不太聪明。它们成群居住并且一块外出。腕龙生小恐龙时不做窝，而是一边走一边生，这些恐龙蛋于是就形成了长长的一条

侏罗纪时代的恐龙（想象图）

线。腕龙不照看自己的孩子。

腕龙是所有出现过的恐龙中最大和最重的恐龙之一。一个人的头顶只能够到这种庞然大物的膝盖。它有巨大的身躯、很长的脖子、小脑袋和长尾巴。一个巨大、强健的心脏不断地将血液从腕龙的颈部输入它的小脑。可这样它能撑得住吗？所以很多人认为它也许有好几个心脏来将血液输遍它庞大的身体。沿着颈椎，那发达的肌肉帮助支撑它的头。因为它的前腿比后腿长，这和一般的恐龙不一样，这样能帮它支撑它的长脖子的重量。

腕龙吃东西时，不咀嚼就将食物整块吞下。它们吃树梢上的嫩叶，其他吃草类动物是够不着的。依靠长长的脖子，它能够摘取最高处的树叶。这和今天的长颈鹿差不多。腕龙有发达的颌部，边缘锋利得犹如刀子一

腕龙生活于侏罗纪早期至白垩纪晚期，主要分布在非洲和美洲地区。腕龙的前肢比后肢长，脖子也相当长，并不亚于梁龙类动物。当它伸直脖子站立时，可以瞭望四层楼房顶上的花园。这使它们能够取食到其他蜥脚类恐龙够不着的更高处的植物。

腕龙（想象图）

般的牙齿，可夹断嫩树枝和树芽。它每天需要吃大量的食物，来补充它庞大的身体生长和四处活动所需的能量。一只大象一天大约能吃 150 千克的食物，腕龙则要吃 1500 千克，是今天庞然大物食量的十倍！

小问题

腕龙是最大的恐龙吗？

三角龙是不是长了三只角？

三角龙是著名的恐龙之一，其祖先是白垩纪初期的朱尼角龙，但两者不同。朱尼角龙的体形很小，只有一头牛那么大；但白垩纪末期的三角龙却是有角恐龙之中最大的。三角龙属于鸟盘目素食恐龙，它们的角长达1.5米，头饰宽3米，在头上比较高的位置有两只并排的、比较长的角，在接近鼻子的位置又有一只比较短的角。角是三角龙生存

三角龙（想象图）

> 三角龙属于具短褶叶的大型的角龙类，它平素很温驯，可是一旦被激怒，它会被迫还击，把角如同长矛一般伸出，以5吨重的体重不顾一切地冲向敌人，速度可达到每小时35千米。

的本钱,特别是和食肉恐龙发生正面冲突时,愤怒的三角龙的头饰和角最具威胁性。所以即使是凶猛的掠食者——暴龙,在面对成群的三角龙时,也只能望而却步。

成年的三角龙可以长到一辆小型双层汽车的体积,比今天最大的陆地动物——非洲象还要大一点。虽然在外表上看来三角龙十分笨拙,不过研究表明,三角龙强壮的四肢可以使它们的最高奔跑时速达到35千米。从地层中的化石发现三角龙跟暴龙一样是生活到最后一刻的恐龙,因此三角龙是一种末代恐龙。不会言语的化石默默地为恐龙覆灭的灾变做着见证。

究竟三角龙的行为模式怎样? 我们可以从考古化石,再跟现代的动物比较得知。它们虽然有头饰和角保护,但单独一只的时候其实颇为脆弱。所以，我们推测它们是群体生活的动物。为了安全，遇到威胁时会围成一圈，把幼兽留在圈内，利用角抵挡敌人。一般认为三角龙是和善的食草恐龙，不过，盛怒的三角龙也可以是很危险的动物。然而，再强的武器装备也不是万能的，在美国就曾发现过一只三角龙的股骨，有很深的暴龙齿痕，一直贯穿股骨。考古学家相信该三角龙可能是遭到直接攻击而死亡的，也可能是食腐动物的晚餐。最近，三维计算机仿真科技已经可以制作出仿真度极高的复原图，将化石的立体结构输入计算机，三角龙就可以借最新的虚拟科技得到重生。

我们可以看到，尽管有亿万年的地质变化，沧海变成桑田、桑田又变成沧海，但是现代动物体内仍含有来自远古行为模式的DNA，世代相传。

小问题

受到攻击时三角龙是怎样保护它们的幼兽的？

霸王龙是有史以来最大的陆地动物吗？

　　霸王龙曾经是地球上爬行过的最大的食肉恐龙！它身长14米，比一辆大公交车还要长，很可能是有史以来最大的陆地食肉动物，头骨长1.2米，用两足行走。它直立时高达6米，但一般的姿势是身体前倾站立，体重约8吨，身体健壮，颈部较短。当它用后腿站立时，它的头高出地面很多很多，甚至能俯视小山。

霸王龙正在美餐（想象图）

47

霸王龙是恐龙家族中最吸引人、最震撼人的一种生活在白垩纪晚期的大型食肉恐龙，也是科学家了解最多、讨论最热烈的恐龙之一。它是地球上曾经出现过的最大的陆生食肉动物。目前已经有 11 具近乎完整的化石骨架被发现，科学家能够通过这些标本得到重要而且较为全面的科研资料和依据。

当霸王龙饥饿时，它甚至能吃别的恐龙。它的嘴是巨大的，牙齿有锯齿状的刃，齿长大约有 0.18 米，非常尖利。每当黄昏来临或者云遮挡住了太阳的光芒，其他恐龙就会四散逃跑，因为它们担心那巨大的霸王龙也许会突然在附近出现，并挡住阳光。一旦当它们相当接近霸王龙，甚至看到霸王龙的影子时，那它们就危险了。

人们一直在研究为什么霸王龙的体型可以长得如此巨大。最近，科学家们在科学报告中称，对于恐龙骨骼的最新研究已经揭开霸王龙的生长之谜。包括马科维奇博士在内的一组古生物学家对四种近亲恐龙的 20 具化石进行了研究。他们首次通过计算骨骼中的生长轮来确定恐龙的年龄，通过测量腿骨的周长计算对应的恐龙体积。芝加哥菲尔德博物馆的彼得·马科维奇博士说："这是第一次定量研究恐龙庞大体型的来由。我们不用再猜测霸王龙和它的一些近亲是怎么生长的了。"

　　科学家得到的结论是：霸王龙庞大的体型缘于它们的生长速度比其他近亲种都要快。十几岁的霸王龙平均每天能长 2 千克，

博物馆中的霸王龙化石

这样的生长速度能持续 4 年多。一头胃口巨大的食肉霸王龙在 14 岁到 18 岁期间体重能增加 3000 千克，到成年时它的总体重达到 5 吨以上，身长 12.8 米，臀部的高度为 4.3 米。这些恐龙的体积至少是北极熊的 15 倍，体重约等于一头非洲公象。

还有一个发现令人惊奇，那就是科学家们估计霸王龙活不过 30 岁。研究中有一个被科学家命名为"苏"的恐龙死在 28 岁那年。它的骨架显示出了老年的衰败迹象。科学家们发现，到了发育晚期，这些动物已经完成了生长，然后它们不会再有体型上明显的增长，它们在成年以后还有约 30% 的寿命。

小问题 霸王龙为什么生长得那么快？

鸭嘴龙长得像鸭子吗？

鸭嘴龙是白垩纪晚期出现的一类鸟脚类恐龙，也是北美最早发掘的一种恐龙，虽然它可能四足而行，但大部分古生物学家相信所有的鸭嘴龙是用两只脚走路，而将尾部向后来保持平衡的。

鸭嘴龙是一种食草恐龙，喙吻部宽扁，很像鸭子的嘴巴，所以叫鸭嘴龙。鸭嘴龙的一个主要特征是牙齿很多，它头骨很长，颌

鸭嘴龙化石

骨两侧长着菱形的牙齿。它的牙齿少的有200颗，多的可以达到2000多颗，被誉为恐龙世界的"牙齿大户"。

鸭嘴龙全长10米左右，后肢粗壮，脚宽大，用于行走；前肢细弱，好像一双小手。它们的家族观念很强，成年恐龙会很好地保护它们的巢穴，并给幼龙喂食，直到它们长到能够自己出去觅食为止。所以鸭嘴龙又有"慈母龙"的美称。

许多鸭嘴龙类的头形非常怪异，冠状部分的内部呈中空，据说可用来感觉气味或使叫声产生共鸣。副龙栉龙的冠状部分呈细长的笛状，据说能充当通气管。此外，龙栉龙等的额部则鼓胀膨起。为什么恐龙会有上述千奇百怪的形态呢？确切的答案至今未详，

位于中国南部的广东省南雄市是中国恐龙和恐龙蛋化石埋藏最丰富的地区之一。这里岩层独特，在这个盆地中，地层的层序正好通过了中生代与新生代的界限，成为研究白垩纪/第三纪大灭绝事件最理想的地点。

动物乐园 DONGWU LEYUAN

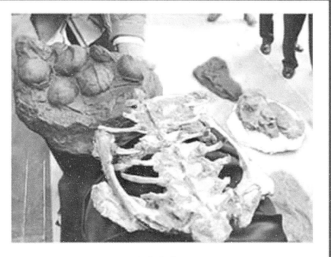

鸭嘴龙化石

或许是在长达约 2 亿年的演化中形成如此奇特的构造，并成为最精湛、最先进的恐龙。

南雄小鸭嘴龙则是一种体型较小的鸭嘴龙类恐龙，根据化石标本估计，这种恐龙可能体长不超过 3 米，是中国所有恐龙类族群中最小的种属。南雄历年已挖掘出的恐龙蛋在 200 枚以上。这些恐龙蛋有圆形和长椭圆形两种，个体大小各异。每窝两三枚至十多枚、二十多枚甚至三十多枚。有些恐龙蛋标本分析显示恐龙蛋壳变得越来越薄而脆弱，这可能是由于缺少微量元素的供给所致。这一点对于研究恐龙灭绝原因很有意义。

根据化石想象还原的鸭嘴龙

小问题

鸭嘴龙的典型特征是什么？

第三篇
昆 虫

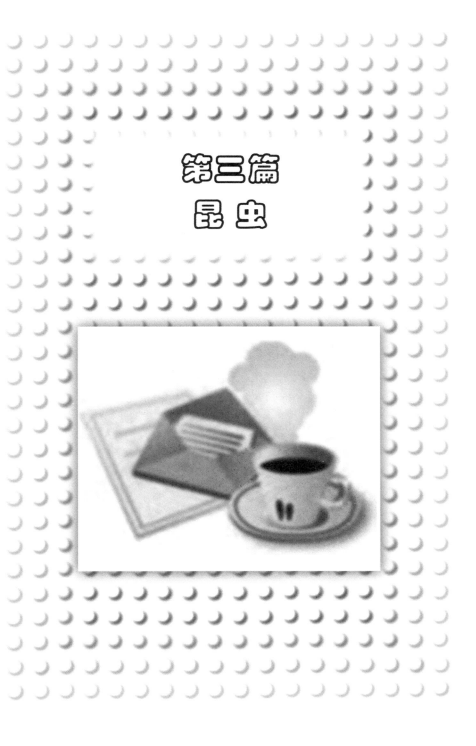

为什么说蟑螂对人类有害？

蟑螂是这个星球上最古老的昆虫之一，曾和恐龙生活在同一时代。化石证据显示，原始蟑螂在4亿年前的志留纪就出现于地球上了。我们发现的蟑螂的化石或者是从煤炭和琥珀中发现的蟑螂，与你家橱柜中的并没有太大的差别。亿万年来它的外貌并没什么大的变化，但生命力和适应力却越来越顽强，一直繁衍到今天，广泛分布在世界各个角落。

蟑螂的学名叫蜚蠊，它有咀嚼式的口器，

蟑螂具有极强的生命力和适应力

有生物学家根据蟑螂的生态习性下了一个定论：如果有一天地球上发生了全球核大战，在影响区内的所有生物包括人类甚至鱼类等都会消失殆尽，只有蟑螂会继续它们的生活！这是因为通常情况下人类身体所能忍受的放射量为 5 雷姆*，一旦总辐射量超过 800 雷姆则必死无疑。而德国小蠊可以忍受 9000 ～ 105 000 雷姆，美洲大蠊则达到 967 500 雷姆！所以即使有核爆炸，蟑螂也可以幸存下来。

———————

* 注：雷姆，放射剂量单位（非法定），1 雷姆 = 10^{-2}Sv（希沃特）

能啃食东西。它们的食物来源丰富，从普通食品到擦鞋的刷子都可以成为它的食物，包括电线胶皮、硬纸板、肥皂、油漆屑、枯叶、纺织品、皮革、头发等等。昆虫学家发现有 12 种蟑螂可以靠糨糊活一个星期，美国蟑螂只喝水可以活一个月，如果没有食物也没有水仍然可以活 3 个星期。蟑螂在食物短缺或者空间过分拥挤的情况下，会发生同类相残的行为。

蟑螂善于爬行，会游泳，遇到危险时也可飞行。它的扁平身体使其善于在细小的缝隙中生活，几乎有水和食物的地方都可生

蟑　　螂

存。如果条件不好，较长时间内不吃不喝也不会死亡。蟑螂喜暗怕光，喜欢昼伏夜出，白天偶尔可见。一般在黄昏后开始爬出活动、觅食，清晨回窝。温度在 24～32℃时最为活跃，4℃时完全不能活动。在热带地区，蟑螂可四季繁殖、活动。北方地区，冬季有取暖设备的室内，温度适宜，蟑螂可照常活动、繁殖。多数蟑螂为卵生，其卵有序排列在卵鞘内，可以抵抗不良环境的影响，也不易被药剂杀死，条件适宜时即可孵化出幼虫。

　　蟑螂的繁殖能力很强。在美国东部，平均一间屋子中居住着 1000 只以上的蟑螂；而一对德国小蠊，一年就可以繁殖 10 万只后代！蟑螂的卵在卵夹内孵化，大约需要 15 天时间。刚孵化出来的蟑螂是乳白色的若虫，没有翅膀。像其他种类的昆虫一样，随着它慢慢长大必须蜕皮。经过 3～4 次蜕皮之后就可以看到翅芽。德国小蠊需要 6～7 次蜕皮才能达到性成熟的成虫期，而美洲大蠊则需要 10～12 次。蟑螂的生长、蜕皮的次数和气候因素，食物的获得都有密切关系。通常这一过程在两个月内完成。蜘蛛、蝎子、蚂蚁、寄生蝇、寄生性胡蜂、蟾蜍、蜥蜴、鸟类、老鼠等都是蟑螂常见的天敌。

生活于野外的蟑螂种类，大多以腐败的有机质或枯枝败叶等为主食；而栖身于屋舍的蟑螂，喜欢淀粉性的食物，在它们爬过的食物上，往往会把所携带的病原微生物留下而传播疾病。蟑螂进食时有个坏习惯：边吃、边吐、边排泄，因此会污染食物，传播多种疾病，如痢疾、副霍乱、肝炎、结核、白喉、猩红热、蛔虫等。无论是什么种类的蟑螂，其所传播的病原生物有伤寒杆菌、痢疾杆菌、大肠杆菌、肺结核菌、炭疽杆菌、癫病菌等及绦虫类、蛔虫类、血吸虫类的卵等等。蟑螂还分泌和排泄出有异臭的物质，使人闻到后感觉恶心甚至呕吐。

蟑螂以什么为主食？

小问题

可以通过虱子研究人类的进化吗？

提到虱子这种寄生虫，每个人大概都会产生厌恶之感。然而，美国科学家最近正是通过研究寄生在人体上的两种虱子，推测出当今人类的祖先"现代人"与类人猿"直立人"在进化过程中可能有过"亲密接触"。

美国佛罗里达自然历史博物馆的科学家曾对目前所有人种身上都会出现的两种虱子进行了研究。出乎意料的是，尽管这两种体虱的形态几乎一样，但它们的遗传物质脱氧

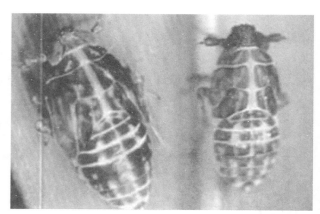

水　稻　飞　虱

> 虱子是一种体小、扁平、无翅、具有刺吸式口器，眼退化或消失，胸部各节部分愈合的昆虫。为哺乳动物的体外寄生虫。有 500 余种，其中多为重要医牧昆虫，如人虱、阴虱和牛虱等。常是各种疾病的媒介，如人虱传播回归热和斑疹伤寒等疾病。

核糖核酸（DNA）却差别巨大。从两者的差异推断，它们早在 120 万年前就在进化道路上分道扬镳了，而当时它们分别寄生于居住在不同大陆的不同人种身上。那么，两种完全不同的虱子为何会寄生在现代人身上呢？

研究人员认为，最可能的一种解释是，其中一种虱子一直寄生在我们的祖先"现代人"身上。而在 2 万年前，当"现代人"开始在亚洲繁衍时，另一种虱子便从当时也在该地区生活的"直立人"身上转移到"现代人"身上。研究人员指出，打架、合穿衣服或者性爱等直接接触才可能使虱子从一个物种转移到另一个物种。因此，可以肯定的

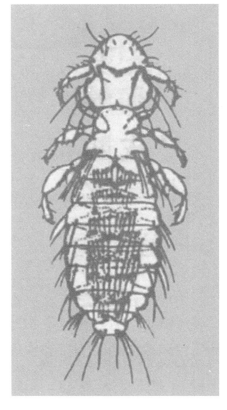

鸡头虱

是，在"直立人"灭绝之前，它与"现代人"肯定有过近距离的接触。一些专家对该结论并不赞同，德国进化人类学研究所的人类进化专家说，该研究结果的前提条件是这两种体虱的共同祖先生活在120万年前，而这个年代的推测取决于当时体虱的数量。因此，

该数量如果估算错了，这个研究结论也就是错误的。

尽管如此，科学家仍然指出，虱子和其他的寄生虫对于研究人类进化都非常有用，只有在两个宿主接触时，它们才可能从一个宿主转移到另一个宿主身上并开始繁殖。研究人员说："无论人类经历了怎样的进化过程，虱子记录的是与之完全相同的一段历史。"

两种虱子最早时分别寄生在什么"人"身上？

小问题

为什么蟋蟀进化得那么快？

夏威夷群岛的 Laupala 蟋蟀被科学家认为是世界上进化最快的物种之一。它们的进化速度达到每 100 万年产生 4.17 个新物种，比非脊椎动物平均值高 10 倍。科学家认为严格的交配行为是 Laupala 蟋蟀快速物种形成的幕后决定力量，这项研究发表在《自然》杂志上。

斗 蟋 蟀

斗蟋蟀，是老北京人秋冬季节的一项传统娱乐活动。这项活动据说始于唐朝天宝年间，那么在中国斗蟋蟀至少有一千多年的历史了。明朝的宣德皇帝喜欢斗蟋蟀，因此，北京地区的斗蟋蟀历史，至少也有五六百年。北京人斗蟋蟀一直分为两大派，一派是高雅之士，讲究以虫会友、以娱乐为目的；一派则以赌博为业、以赢利为目的。前者赛的是识别蟋蟀强弱的眼力、调养蟋蟀的能耐；而后者为赢钱则无所不用其极，听说还有给蟋蟀服用兴奋剂的。

不同种类的蟋蟀外形特征相似，饮食及居住习惯也没有明显的不同。但是雌性蟋蟀只和自己同类的雄性蟋蟀交配，它们又是如何识别的呢？

原来，不同种类的雄性蟋蟀唱求爱歌时所发出的脉冲信号是不同的，从每秒0.5次到4.2次不等，雌性蟋蟀能察觉到其中的细微差异，只挑选自己的同类。当蟋蟀的一个物种开始分裂为两个不同的物种时，雄性蟋蟀

动物乐园 DONGWU LEYUAN

蟋　蟀

的求爱歌是最早发生变化的。在物种形成过程的早期，两个逐渐显现出差异的物种还互相交配，等差异明显到一定程度之后，雌性蟋蟀就拒绝与另一种类的雄性蟋蟀交配，只与新形成的同类雄性蟋蟀交配。在后代繁殖过程中，逐渐形成了新的种群。

　　蟋蟀就是这样通过严格的择偶，在进化中保持了各自的差异，促进了新物种的快速产生，从而增进了物种的多样性。

雌蟋蟀是如何准确地识别出同类雄性的？

小问题

谁是昆虫里的清道夫？

有一种昆虫专门以动物死亡和腐烂的尸体为食，并把它们转化成在生态系统中更容易进行循环的物质，像是自然界里的清道夫，起着净化自然环境的作用。它们在吃动物尸体的时候，总是不停地挖掘尸体下面的土地，最后会自然而然地把尸体埋葬在地

埋　葬　虫

下，所以人们把它们叫作"埋葬虫"。

埋葬虫有些住在像蜜蜂蜂房的巢穴里，有些特别的种类则住在洞穴里食蝙蝠的粪便。它们的体长从很小到3.5厘米都有。平均体长为1.2厘米。有的外表呈黑色，有的呈五颜六色，明亮的橙色、黄色、红色都有。身体扁平而柔软，适合于在动物的尸体下面爬行。

如果你在地上看到一具小动物的尸骸，隔天再回到同一地点却发现尸骸已经不见了，

节肢动物的身体是分节的，昆虫的身体前六节被当作头部，其后三节愈合为胸部，其余的愈合为腹部。这是因为它们的头部有感觉、摄食功能；胸部主要有运动功能；腹部则是生殖和代谢中心。节肢动物还具有"外骨骼"，是由上皮细胞向外分泌坚固的表皮层，覆盖着整个身体，起支持和保护作用。外骨骼也分节，节和节之间有节间膜相连。

美国埋葬虫

那么那具尸骸很可能已经被埋葬虫埋藏到了附近的地下，以便将来当作它们幼虫的食物。埋葬虫无论是雌的还是雄的，都会给幼虫储存粮食，但它们在工作的时候很可能会有伴侣自动加入，这个同伴不需要举行什么仪式就会被接纳。两位一起工作的劳动者，有时候也会稍稍分开一会儿，其中的任何一个都可能爬到其他隐蔽的地方去休息上半个小时，甚至步行或飞行到其他地方相当长一段时间，然后又回来接着工作。有时候雄虫在完成任务以后可能随即死去，由已经受精了的未来妈妈单独完成繁衍种族的大任。不过这种情形很少发生。通常是爸爸妈妈都得以存活，一起把食物做成坚实的球团，去掉其中的兽毛或鸟羽，也许还会加上防止腐败的分泌物。它们还会吐出一些半消化的食物碎屑储存着，作为将来小宝宝的滋养品。

据美国鱼类和野生动物保护组织的调查，美国的埋葬虫数量正在急剧减少，被列入濒危动物的名单，目前正在采取措施，使它们的数量不断增加，免于绝种。

小问题

为什么野生动物组织要挽救濒危的埋葬虫？

谁是昆虫里的飞行家？

　　你周围的花园里蜻蜓多吗？别看它长得不起眼，一不小心还会让人抓到，不过它可是个了不起的飞行员呢！它的飞行技巧高明得很，其他会飞的昆虫无可比拟。它每秒飞行10～20米，一小时的飞行距离达36～72千米。这还不算，它总是从早到晚不知疲倦地飞行，它可以连续飞行几百千米而不着陆休息。

蜻蜓立枝头

蜻蜓还是自然界的天气预报员。晴天，它飞得高，飞得巧。但当要下雨的时候，由于空中湿度大，它的翅膀被空中水汽弄湿了，加上气压低，阻力大，蜻蜓就在低空回旋。正如民间所说的"蜻蜓低飞雨必来"。

蜻蜓的飞行花样可多啦。一会儿轮流地振动着前翅和后翅；一会儿突然伸直两个翅膀滑翔；刹那间，它又能停在空中，一动也不动。它不但能向前飞行，还有向后飞行的本事哩！在追捕小昆虫时，几乎是做垂直向上的飞行，也能突然降落，停在一个细细的枝梢上，转眼之间又飞得无影无踪了。

蜻蜓虽然是飞行家，幼年时期却是在水中度过的。它们生活在水里，吞食蚊子幼虫。在水中生活的时间很长，少则一两年，多则三五年，然后才变成会飞的蜻蜓飞上天空。

蜻蜓头上有两只由大约1万只小眼睛组合成的复眼，使它能左顾右盼，看上看下。它的头还可来个180°转向，异常灵活，任何

红　蜻　蜓

蚊子在它的前面飞过，都休想逃得掉。有人观察过，一只大蜻蜓两个小时内能吃掉40只苍蝇或者上百只蚊子。

蜻蜓是人类的朋友还是敌人？

小问题

屎壳郎真有那么讨厌吗？

屎壳郎在我们中国可是个家喻户晓的"明星"，什么"屎壳郎搬家——滚球"、"屎壳郎打喷嚏——满嘴喷粪"、"屎壳郎戴花——臭美"……这一类的俏皮话更使屎壳郎"臭名"远扬。可我们一般都不知道，屎壳郎其实是一种很有爱心的小虫子。

屎壳郎的学名叫蜣螂，在民间也有称它为粪金龟或牛屎龟的。它是完全变态昆虫，属于鞘翅目蜣螂科。它的身体是黑色或黑褐

屎 壳 郎

随着畜牧业的不断发展，澳大利亚一度出现了严重的粪害问题，使畜牧业发展受到了严重的阻碍。为了解决这些公害问题，澳大利亚从 1930 年开始在重点的牧业州设立隔离带，同时，喷洒杀虫剂灭蝇，结果都无济于事。后来，科学家们想到屎壳郎惊人的搬运粪便能力，就派出大批科研人员，奔赴世界各地，引进大批屎壳郎。屎壳郎援军来到澳大利亚草原，很快就把粪便运走并埋入地下，牧草又蓬蓬勃勃地生长起来。苍蝇失去赖以滋生繁殖的粪便，自然遭到毁灭性的打击。澳大利亚的草原得救了，蝇害也被控制了。

色的，是一种大中型的昆虫。它的前脚叫开掘足，是它的主要工具。

当我们在乡间小道漫步或到牧区游览，常常可发现滚动着的粪球。仔细瞧瞧，竟是两只昆虫在搬运"宝贝"——充饥的粮食。它们的行为十分和谐，一只在前头拉，一只在后面推，这一拉一推，粪球就向前方慢慢

屎壳郎夫妻俩合力推粪球

滚动。原来这是一对屎壳郎小夫妻。通常雌屎壳郎在前，雄屎壳郎在后，配合默契，心有灵犀。这种灵巧滑稽的小东西，通常在地下洞穴里生活，多在夜里出来活动，但推粪球的事却多在白天进行。我国宋代的古书《尔雅翼》上就记载过它们推粪球的"壮举"："蜣螂转丸……不数日有小蜣螂自其中出"。从这几句话我们可以推测，古人已经知道了屎壳郎推粪球的目的。屎壳郎把大堆的牛粪做成小圆球，然后一个个推向预先挖掘好的洞穴中贮藏，慢慢享用。因为圆形在地面滚动时省力，运回巢穴比较容易。不过我们还知道，屎壳郎也并不都是吃苦耐劳的。它们中也有一些懒汉和无赖，它们不好好劳动，常常伺机在半路上去抢夺滚动着的粪球，企图占为己有，双方通常会为此展开一场搏斗。若是"强盗"获胜了，不但掠走粪球，就连失败者的妻子也一起掳走。

小问题

屎壳郎是人类的朋友还是敌人？

蜜蜂天生就会盖房子吗？

　　我们人类并不是一开始就会盖房子的，最开始人是住在树上或者山洞里。到了后来，我们人类才有了专门的建筑师。昆虫只有一点点大，可昆虫里也有建筑师会为自己造"房子"，特别是蜜蜂和马蜂，简直就是最高明的建筑师。

　　蜂巢的造型十分奇特，结构也极其巧妙，真可谓巧夺天工。18世纪初的时候，就

正在采蜜的蜜蜂

人类养蜂生产蜂蜜

有一位法国科学家对蜂巢进行了细心的研究。他对蜂巢上的蜂房作了比较，发现每个蜂房的孔洞和底部都是六边形的，如果将蜂房底部分为三个菱形截面，那么每个锐角和每个钝角的角度也都相等。蜂巢的口全是朝向下方或朝向一面。把蜂房建成六边形既可以节省材料，同时又可以合理利用空间，增加容量。

那么蜂巢是怎样建成的呢？蜜蜂的筑巢工作完全由工蜂来承担。它们先吸饱了花蜜，然后两只工蜂用它们的前脚紧紧抓牢上面的东西，然后伸出后脚让下面的两只工蜂抓住，就这样一对连着一对，形成两条蜂链。当达到需要的长度，每条蜂链中的最后一只借着脚的摆动和翅膀的振动，使原来的两条蜂链合并成一条环链。一天以后，工蜂体内的蜜汁变成了蜂蜡，它们再把蜂蜡做成蜡板，传递给在箱板上等待造巢的工蜂。负责"盖房子"的工蜂用嘴接过蜡板，一层层地涂在顶板上，这样蜂巢的基础就建好了。

大多数生物都希望寿命更长一些，这是一种本能。法国科学家最近发现，一种热带马蜂的寿命是由它所选择的食物来决定的，而这种马蜂会根据不同的情况选择它的食物，也就是说有时它会放弃能大大延长其寿命的食物。这种马蜂可以把自身的一部分营养用于产卵，另一部分用于维持自身的能量。如果用于产卵，它们自身的营养就会减少，导致它们寿命的缩短；如果暂不产卵，而是吃掉寄主，则自身的营养将得到大大补充，寿命就会延长。不同的选择导致马蜂的生命可分为一周左右或两周左右。

胡　　蜂

　　等一根蜡柱能够从顶板上垂下来，另一只工蜂就在蜡柱中间做出一个六边形的洞，再经过精雕细琢之后，第一个六边形的蜂房就建好了。也许这只工蜂就是这一工程的总建筑设计师吧？基本样子有了，其他工蜂就全都大干起来。它们有条不紊地施工，建成一个个六边形的、相互连在一起的单间独居蜂房，最后形成一座美丽独特的蜂巢。

　　马蜂巢常建筑在树枝上、屋檐下、树洞间或房屋内。马蜂中有一类叫群栖性胡蜂，一般会分成三个级别：女王、工蜂和雄蜂。

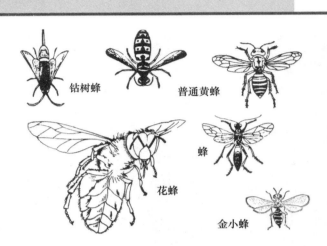

钻树蜂　　　普通黄蜂

蜂

花蜂

金小蜂

蜜蜂的朋友们

别看它们群体数量不多，不过它们的女王可非常了不起。它从第一年春天开始筑巢，用来哺育它的小宝宝。到了第二年春天，女王不再用旧巢产卵育儿了，而是以旧巢为基础，在其上另建新房，一年就能造成一座十几层的、倒挂在悬崖或树枝上的"楼房"。如果建筑材料含水过多而不太结实的话，它们还会扇动双翅把巢吹干。它们的这种吊钟式的"楼房"，既不占地方，又高高在上，可以避免人类的骚扰和天敌的侵害。

负责盖房子的工蜂和雄蜂的身份地位一样吗？

小问题

蚂蚁的社会平等吗？

人是一种社会性动物。这一点我们和蚂蚁一样。所有的蚁科都过社会性群体生活。不过蚂蚁的社会不像我们今天的社会这样"人人平等"。

一般在一个蚂蚁群体里有四种不同的蚁型。

蚁后：蚁后是一个蚂蚁群体里唯一一个有生殖能力的雌性，也叫母蚁。它在群体中体型最大，特别是腹部很大，生殖器官很发

蚂　　蚁

在中国华南的阔叶林中，有一种翘尾蚁，它那带有螯针的尾端会常常翘起来，像是跃跃欲试，随时准备进攻的样子。它有种怪脾气，喜欢用叼来的腐质物以及从树上啃下来的老树皮，再掺杂上从嘴里吐出来的黏性汁液，在树上筑成足球大的巢。它们一旦擒获了猎物，就用螯针注入麻醉液，使猎物处于昏迷状态，然后拉的拉，拽的拽，即使是一只超过它们体重百倍的螳螂或蚯蚓，也能被它们轻而易举地拖回巢中。

达。它的主要职责是产卵、繁殖后代和统管这个群体大家庭。

雄蚁：也叫父蚁。它的头又圆又小，上颚长得不发达，触角又细又长。它在蚁群里没有什么别的工作，主要负责与蚁后交配，这样才能孵出幼蚁，使整个蚁群能够繁衍下去。

工蚁：又称职蚁。这种蚂蚁没有翅膀，一般是群体里最小的个体，但数量也最多。

别看它个头小，它的上颚、触角和三对胸足却都很发达，所以它最善于步行奔走。工蚁是没有生殖能力的雌性。它的主要职责就是建造和扩大巢穴、采集食物、伺喂幼蚁及蚁后等等。

兵蚁：兵蚁的典型特征就是脑袋长得格外大，上颚也很发达，可以粉碎坚硬食物，在保家卫国的时候上颚就成了战斗的武器。

蚂蚁建立群体，是通过一种很浪漫的"婚飞方式"开始的。不同性别的蚂蚁相识后一见钟情，在飞行中或飞行后交尾。"新郎"寿命不长，交尾后不久死亡，留下"遗孀"蚁后独自过着孤单生活。这时候蚁后脱掉翅膀，在地下选择适宜的土质和场所筑

兵蚁具有发达的上颚

巢。她"孤家寡人",力量有限,只能暂时造一小室,作为安身之地,也使受孕的身体有个产房。等到卵发育成熟生产出来,小幼虫孵化出世,蚁后就忙碌起来。每一个幼蚁的食物都由她嘴对嘴地喂给,直到这些幼蚁长大发育为成蚁,并可独立生活时为止。当第一批工蚁长成了,它们便挖开通往外界的洞口去寻找食物,随后又扩大巢穴建筑面积,为越来越多的家族成员提供住房。

自此以后,饱受艰苦的蚁后就可以坐享清福了,当上了这个大家族的统帅。抚育幼蚁和喂养蚁后的工作都由工蚁承担。不过蚁后还要继续交配,不断产生受精卵,以繁殖大家族。她的寿命可以长达15年。一个巢

蚁　后

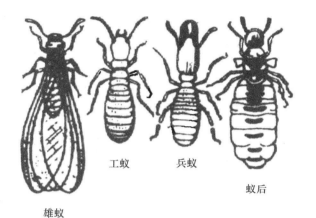

工蚁　　兵蚁

蚁后

雄蚁

白　　蚁

内蚁群的数目可以有很大差别。最小的群体只有几十只或近百只蚁，大的群体可以有几万只甚至更多的蚁。

蚁群中负责喂养幼蚁的是谁？

小问题

萤火虫为什么要发光？

昆虫联络的方式有很多种。有些身体很小的昆虫能巧妙地利用闪光进行通信联络。萤火虫就是其中的代表。

夏日黄昏，山涧草丛，灌木林间，常见有一盏盏悬挂在空中的小灯，像是与繁星争辉，又像是对对情侣提灯夜游。如果你用小网，把"小灯"罩住，便会看到它是一种身披硬壳的小甲虫。由于它的腹部末端能发出点点荧光，所以人们给它起了个形象的名字——萤火虫。

萤火虫是一种神奇而又美丽的小昆虫。它修长略扁的身体上带有蓝绿色光泽，头上长着一对带有小齿的触角。萤火虫的一生，要经过卵、幼虫、蛹、成虫四个完全不同的虫态，所以也属于完全变态类的昆虫。

萤火虫为什么会发光呢？原来在它腹部末端的皮肤下面有一层黄色粉末。把这一层放在显微镜下，可见到数以千计的发光细胞，再下面是反光层，在发光细胞周围密布着小气管和密密麻麻的纤细神经分支。发光

萤火虫在树林中划过道道光影

细胞中的主要物质是荧光素和荧光酶。当萤火虫开始活动时，呼吸加快，体内吸进大量氧气，氧气通过小气管进入发光细胞，荧光素在细胞内与起着催化剂作用的荧光酶互相作用时，荧光素就会活化，产生生物氧化反应，就会让萤火虫的腹下发出碧莹莹的光亮来。再加上萤火虫呼吸的节律不一样，就形成了时明时暗的"闪光信号"。

当你把许多的萤火虫放在一只玻璃瓶里，玻璃瓶就像一只通了电的灯泡，会发出均匀的光来。

　　还有许多昆虫只有在夜幕降临以后才出来工作。在花间穿飞，一面采蜜，一面帮植物授粉。漆黑的夜晚，它们能顺利地找到花朵，这也是"闪光语言"的功劳。夜行昆虫在空中飞翔时，由于翅膀的振动，不断与空气摩擦，产生热能，发出紫外光来向花朵"问路"，花朵因紫外光的照射，激起暗淡的"夜光"回波，发出热情的邀请；昆虫身上的特殊构造接收到花朵"夜光"的回波，就会迎波飞去，为花传粉作媒，使其结果，传递后代。这样，昆虫的灯语也为大自然的繁荣做出了贡献。

萤 火 虫

　　不同种类的萤火虫，闪光的节律也不一
样。一种美国产的萤火虫，雄虫先有节律地
发出闪光来，雌虫见到这种光信号后，才准
确地闪光 2 秒，雄虫看到同种的光信号，就
靠近它并结为情侣。人们曾实验，在雌虫发
光结束时，用人工发出 2 秒的闪光，雄虫也
会被引诱过来。另有一种萤火虫，雌虫能以
准确的时间间隔，发出"亮—灭，亮—灭"
的信号，雄虫收到用灯语表达的"悄悄话"
后，立刻发出同样的灯语作为回答。信息一
经沟通，它们便飞到一起共度良宵。还有一
种萤火虫，雄虫之间为争夺伴侣，要有一场

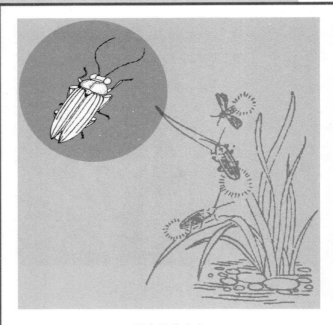

夏夜的萤火虫

激烈的竞争。它们还能发出模仿雌虫的假信号，把别的雄虫引开，好独占"新娘"。

小问题　　萤火虫发光的是身体的什么部位？

第四篇
鱼 类

鲨鱼是"海里的恶魔"吗？

鲨鱼是地球上最古老的鱼类，400多万年前它们就已经存在了。古往今来，鲨鱼一向以凶狠残暴而著称。其实鲨鱼有250多种，会伤害人类的，只有大白鲨、虎鲨、双髻鲨等十几种。鲨鱼分布在世界各个海域，最大的鲨鱼是鲸鲨，长达20米，重20多吨。不过这种鲨体形虽大，性情却很温和。

鲨鱼的生命力很强，即使受到了极大的创伤，也能迅速痊愈，而且不会感染发炎。

鲨鱼上钩

在现存的鱼类中，个头最大的就属鲨鱼了。鲨鱼中的鲸鲨、姥鲨、真鲨等凶猛鱼类都是大块头。据说，最大的鲸鲨长可达20米，体重可达34吨。姥鲨比鲸鲨稍小一些，长也在15米以上。在茫茫的大洋中，常常可以见到成群长在10米左右、重5吨左右的鲨鱼游弋于海面。

这是因为鲨鱼体液中所含的抗体极强，不但能制服细菌、病毒和其他微生物，还能减轻多种化学物质的损害。

　　鲨鱼对食物并不挑剔，海鸟、海龟、鱼虾以至煤炭、垃圾、罐头瓶……什么都能吞下去。

　　曾经有人在大洋洲捕获过一条大鲨鱼，从它的胃里取出了几只羊腿、一个牛头、一只牛前腿、一个脖颈上还拴着皮带的狗头、火腿、马肉、烂布，还有船上的刮板，等等。在南海也有人捕获过一条贪吃的鲨鱼，在它的肚子里发现的东西更出奇，有尼龙雨衣、皮衣、皮鞋以及汽车号码牌。

　　另外鲨鱼还有一种奇特的本领，那就

动物乐园 DONGWU LEYUAN

鲨 鱼

是食物可以在它肚子里存放十多天甚至半个月也不会变质，这是为什么呢？原来鲨鱼有一个"冷藏库"般的胃，当它吃饱时，多余的食物便送到"冷库"里贮存起来，过10天或半个月，有时甚至一个月也不变坏。当它感到饥饿而又捕猎不到新的食物时，就把"冷库"里的食物"取出"充饥。一般说来，鲨鱼为了"备荒"，每隔两三天就"饱餐"一顿，"冷库"里有时一千克重的鱼能存三四十条。有时"冷库"又是空空的，故它在饿得慌时，就不管什么都吞入口中了。

鲨鱼的生命力为什么这么强？

小问题

淡水里最大的是什么鱼?

在淡水鱼类中，最大个体应属鲟鱼类。我国长江特有的白鲟应属冠军。据记载，1929年在南京曾捕获一尾长7米；1892年曾记载长江捕获一尾白鲟中华鲟重907千克，迄今仍是世界淡水鱼中体长最长和体重最重的纪录。中华鲟属于中国独有，也是世界27种鲟鱼中最珍稀的一个种类。据估计，在1.5亿年前恐龙统治地球的白垩纪，中华鲟就在地球上生存并繁衍了。作为世界上最

水族馆里的中华鲟

洄游是指海洋中一些动物（主要是鱼类）因产卵、觅食或季节变化的影响，沿着一定路线有规律的往返迁移的现象。

古老的脊椎动物之一，中华鲟被誉为"活化石"、"水中的大熊猫"，因为它只在长江上游产卵，中华鲟又被称为"爱国鱼"。一条成年的中华鲟可以长到 4 米长、1000 千克重，寿命可达 100 多岁。

中华鲟是鱼类中比较原始的种类，捕食昆虫幼虫、软体动物，分布于中国的长江、钱塘江、黄河和近海，有洄游或半洄游的习性，在近海生长，长大后进入江河。每年10～11 月，中华鲟上溯至金沙江产卵，产卵场多在河床陡峭，水流湍急的江河地段，卵特别大，但幸存的后代仅有 1% 左右，所以就显得特别珍贵。中华鲟个体大，寿命长，是大型经济鱼类，其肉味鲜美，鱼卵加工后是极其珍贵食品。因此，鱼类资源破坏也十分严重。

中华鲟的体形好似一根梭，嘴长得好像一把尖犁，顶端尖，稍向上翘。它的口又小又奇怪，是长在头的侧面，而且能向外自由伸缩。眼睛也特别小，与整个身体很不成比

中华鲟放生活动

例。最奇特的是它全身没有鱼鳞，只有5行宽大的坚硬骨板，背部正中一行最大，看似古代武士所用的盾牌。

小问题

中华鲟繁殖力相当强，为什么还会濒于灭绝呢？

谁是最美丽的鱼？

  一本德国杂志中曾经提出问题让孩子回答"为什么这个星期值得活？"有个孩子回答说："因为拉蒂迈鱼仍然存在。"这就是世界上最著名、最美丽的鱼，也是最珍贵的活化石——拉蒂迈鱼缔造的神话——可以让人觉得值得为了它而活。

  1938 年，拉蒂迈鱼被首次发现。前两条拉蒂迈鱼的发现充满了扣人心弦的传奇。1938 年圣诞节的前 3 天，南非一个小镇的博物馆研究员拉蒂迈从别人带给她的一堆鱼类标本中，发现了一条从来没有见过的鱼。它身体滚圆，有一种略带紫色的浅蓝色，上面散布着模糊泛白的斑点，从头到尾都闪耀着银色、蓝色和绿色的珍珠光泽，身上还覆盖着坚硬的鳞片，有类似四肢的鳍和一条诡异的小狗尾巴。拉蒂迈不知道这到底是什么鱼，因为它与当时已知的鱼类没有任何相似之处。后来这条鱼被断定是一条仍然存活着的史前腔棘鱼！进而被命名为拉蒂迈鱼。一时间，整个古生物学界、鱼类学界为之轰

拉蒂迈鱼的左右腹鳍

动，世界各地的报纸媒体竞相转载，拉蒂迈鱼被誉为"20世纪最重要的动物学发现"，"4亿年历史的活化石。即使是一条活着的恐龙，也不会比这令人难以置信的发现更让人惊讶。"此后经过了长达14年的漫长寻觅，才找到了第二条拉蒂迈鱼。以后的半个多世纪，古生物学家、鱼类学家、探险家从没间断对它的探索与研究。

我们平常所说的会游来游去的"腔棘鱼"，其实就是拉蒂迈鱼，属于腔棘鱼目。所以拉蒂迈鱼并不等同于腔棘鱼。

近年来人们陆续发现了几十件拉蒂迈鱼的标本，后来又实地观测到了活的拉蒂迈鱼。现在我们知道，白天拉蒂迈鱼躲在水下170～230米处的洞中静止不动，日落后才开始三三两两地往深处游动。拉蒂迈鱼的运动方式非常独特，完全不像一般鱼类，却与蜥蜴类似。它的左右腹鳍同时以"对角"的方式运动，一侧的腹鳍向前时，另一侧的腹鳍在后。

拉蒂迈鱼虽然美丽，却并不把美丽当成本钱，而是自食其力。捕猎的时候，拉蒂迈

腔棘鱼有广义与狭义之分。广义的腔棘鱼是指腔棘鱼目。腔棘鱼目是肉鳍鱼类的一个重要门类，迄今约有80个化石属种在欧美大陆和非洲被发现，从中泥盆世（约3.8亿年前）一直延续到晚白垩世（约8000万年前）。直到拉蒂迈鱼被发现之前，这一类古鱼一直被认为已经完全绝灭了。狭义上的腔棘鱼则是指腔棘鱼属，它是由瑞士籍的古生物学家阿格西在1839年建立的，迄今发现有3个种。因为拉蒂迈鱼太有名了，以至差点成了腔棘鱼的代名词。

拉蒂迈鱼标本

鱼用倒立的姿势，让头部前端的吻部器官来感知猎物在游动时所发出的微弱电场，测定猎物的位置。这样的袭击需要既敏捷又准确。攻击时，拉蒂迈鱼用布满上下颚骨两排尖锐的牙齿紧紧咬住猎物，然后不经嚼碎就一口吞下。所以它其实是一种挺凶猛的动物。

为什么寻找拉蒂迈鱼很困难？

小问题

鱼可以上树吗？

　　在中国云南，有一条秀丽神秘的槟榔江，江的两岸是一望无际的原始丛林。这里的江水可以说是清澈洁净、一尘不染。在槟榔江里，有数不清的鱼类、蛙类繁衍生息。其中有一种鱼，属于鲇形鮡科纹胸鮡属，这种鱼的行为很奇特，居然会上树。每当春夏之交，雨季来临，江水上涨的时候，水会漫到两岸的丛林上，这种鱼便从水中沿着树干往上攀缘，悬挂在树干上、树枝上，就像是

美丽的槟榔江

攀　鲈

一串串青黑色的大辣椒。

　　这种鱼有好几个名字：因鱼头特别大而叫"大头鱼"，因长期生活在江底石缝之中，头呈扁形而称为"石扁头"、"石贴子"。这种鱼青背黄胸，靠胸生的吸盘将身体吸附在石头或树上，并能将身体左右、上下移动。为使这个特殊的家族能世世代代在这美好的家园里生存繁衍，上树产卵便成为它们保存物种的"绝招"。随着气温升高、江水持续上涨，"石扁头"的鱼子鱼孙便破卵出世了。

　　另外还有一种小鱼叫攀鲈，它也会上树。攀鲈栖息在静止、水流缓慢、淤泥多的水体中。当水体干涸或环境不适时，常依靠摆动鳃盖、胸鳍、翻身等办法爬越堤岸、坡地，移居新的水域，或者潜伏于淤泥中。攀

鮨形目的鱼都属于底栖肉食性鱼类，很多是重要的食用鱼，也是一般的游钓鱼。欧鮨个体最大，长达 3 米以上，重约 250 千克。目内大多为刺毒鱼类，背鳍以及特别是胸鳍的硬刺附有毒腺，可致伤痛。鳗鮨尤毒，可致人死。南美毛鼻鮨科有些种类还可以在鱼类或其他动物体上营寄生生活。

鲈的鳃上器非常发达，能呼吸空气，故能离水较长时间而不死，当水体缺氧，离水或在稍湿润的土壤中可以生活较长时间。攀鲈以小鱼、小虾、浮游动物、昆虫及其幼虫等为食。为了捕食空中昆虫，常依靠头部发达的棘、鳃盖、胸鳍等器官攀爬上岸边树丛。

大头鱼是怎么爬上树的？

小问题

有会捉老鼠的鱼吗？

　　鲇鱼我们一般都见过，觉得它看起来平平常常，可你猜得到吗，它可有好多阔亲戚呢！在亚马孙河里生活着一种巨鲇，被评为淡水中十大最凶猛的鱼类之首。据说这种巨鲇能拖着独木舟任意遨游，甚至能将人从船上拖下水，还可能会咬掉人的手指。这类鱼的纺锤形的体形使它能以足够快的速度在湍急的河水中洄游，也使得用常规钓具钓它们的人屡屡断线折竿，束手无策。

凶猛的鲇鱼

亚马孙河总是藏着许多鲜为人知的秘密。几个世纪以来，经不住诱惑的科学家和探险家纷纷拥向亚马孙地区试图挖掘出更多奇特的故事。最近英国广播公司又带领一帮科学家与潜水员前往亚马孙河，开始科学探险。据说科学家在那里又发现了四个新的动物物种，有像蝙蝠一样靠吸食动物血液为生的鲶鱼，有长着长鼻子的粉色淡水河豚，有超级水獭，还有只吃木头的怪鱼。

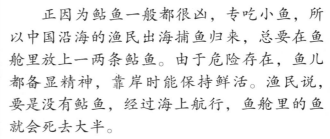

　　正因为鲇鱼一般都很凶，专吃小鱼，所以中国沿海的渔民出海捕鱼归来，总要在鱼舱里放上一两条鲇鱼。由于危险存在，鱼儿都备显精神，靠岸时能保持鲜活。渔民说，要是没有鲇鱼，经过海上航行，鱼舱里的鱼就会死去大半。

　　在中国南方沿海地区还有一种鲇鱼，专门诱捕岸上的老鼠。这种鲇鱼白天休息，夜间四处觅食。当它游近岸边，便将尾巴露出水面，一动不动地靠在岸边，发出阵阵腥味引诱夜间外出觅食的老鼠。狡猾的老鼠见到浮在水面上的鱼尾巴，并不立即咬食，而是

亚马孙河是探险家的圣地

先用前爪去拨动几下，此时鲇鱼仍然一动不动，让老鼠误认为是死鱼。老鼠见鲇鱼不动，真的以为是死鱼，便放心大胆地张口咬住鲇鱼尾巴，使劲往岸上拖。这个时候，鲇鱼见老鼠已上了圈套，便使出全身力气，尾巴一摆，将老鼠拖入水中，老鼠虽识水性，可以与鲇鱼在水中较量，但无奈力气不如鲇鱼，在水里也缺少鲇鱼那种长时间潜入水中的优势，一场生死大搏斗的结果是鲇鱼占上风。此时，鲇鱼充分发挥它在水中的优势，用锯齿样的牙齿咬住老鼠往水下拖，老鼠在水下不能换气，挣扎一阵后便被活活淹死，成为鲇鱼的美食。

根据鲇鱼的习性，你能猜到经济学领域的鲇鱼效应是什么意思吗？

小问题

109

比目鱼怎么保护自己？

　　比目鱼的外形与其他鱼类不同，它的两只眼睛都长在一边。那它不是有一侧没有眼睛看不见东西吗？那它怎么才能保护自己呢？

　　原来比目鱼平时的生活都是侧卧着。朝上一面有眼睛有颜色，朝下一面没有眼睛也没有颜色，而且朝上一面的颜色能随着环境的颜色发生变化。比目鱼的这一特殊形态和

比　目　鱼

颜色是它在漫长的演化过程中，为了保护自己、抵御敌害所形成的特殊变态。

比目鱼的变态从它小时候就开始了。最初孵化的小鱼和其他鱼类一样，身体左右侧对称，眼睛也是左右对称的，每侧一只，也和其他鱼一样游在水的上层。等到小鱼成长到15毫米以上的时候，一边的眼睛就逐渐往头顶上移动，并越过头的上缘，再从另一侧往下移，直到和另一只眼睛接近时才停止移动。同时，在一边的眼睛移动位置时，背鳍也向前延长，当一边的眼睛移动越过头顶时，背鳍也延长到达头部后缘。由于两眼都在头

比目鱼可能是变色能力最强的鱼了。比目鱼中的蝶鱼，身上有橘红色的斑点，当它游到有白色鹅卵石的水域时，那些橘红色的斑点就会马上变成白色的斑点，以便能和环境统一起来。通常，比目鱼的变色范围仅限于普通环境的颜色，对于黑色、白色、褐色、灰色、黄色等颜色，瞬息间即能完成变色，变为红色要困难一些，对蓝色和绿色要更长时间，有时需延长到半小时左右。

你能找到照片里的比目鱼吗

的一侧，使原来对称的头骨也发生了变化，这样它很快就能适应新的生活方式了。

　　眼睛的位置变了，它的生活方式也变了，当两只眼睛移至同一侧后，比目鱼就下沉到水体底层，侧卧于水底生活，或在贴近底层的水中游泳，有眼的一边一定向上，无眼的一边向下。有眼朝上一面有色素生成，并且保持原来的弧形外表。无眼朝下一面则很少有色素产生，多为白色，也有少数个体散布着褐色或黑色斑纹。同时，朝下一面的外形平切，就像一尾鱼从中线剖开形成的半边鱼。

比目鱼保护自己的办法都有哪些？

小问题

鲨鱼有克星吗？

鲨鱼是海洋里的"魔王"。当它追逐鱼群的时候，能一下子吞掉几十条小鱼，就连鲸这类海洋中的庞然大物也难以逃生。特别是臭名昭著的食人鲨，不仅捕食头足类动物、较大的鱼类、海豚和海豹，而且还有袭击渔船和吃人的记录，因而得了一个"食人鲨"的恶名，令人不寒而栗。然而，这个海洋里的"凶神恶煞"，却也有它不得不低头屈服的时候。

在红海里生活着一种令鲨鱼望而生畏的鱼，叫红海鱼，学名叫豹鳎。它身上长满像豹子一样的斑点，是比目鱼家族的一种，以色列人称之为"摩西鳎"。当鲨鱼游近一条豹鳎时，它张大长满利齿的大嘴，一口咬住战利品。然后鲨鱼会突然痉挛般地闪到一边，双眼紧闭，嘴巴张得很大，像冻僵了似的，再也合不拢了。紧接着，这条鲨鱼疯狂地摇摆着头，在水中痛苦地跳跃着，转着圈，不顾一切地四处狂奔，直到合上嘴巴，才安静下来。

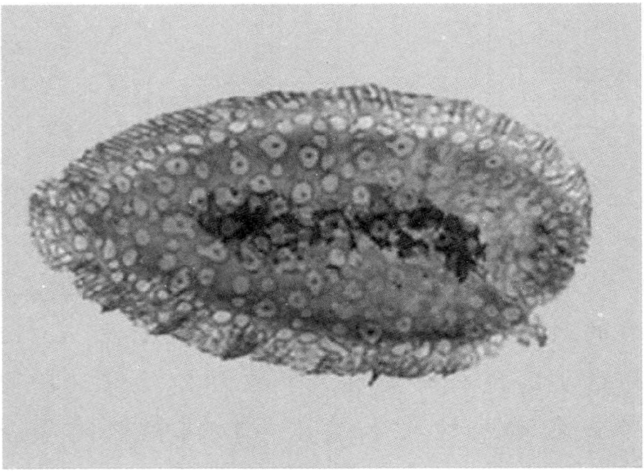

眼斑豹鳎

这种身体扁平的鱼，生活在红海东北部的亚喀巴湾，平时总是悠闲地躺在海底，用身上那沙岩一样的颜色和黑点隐藏起来，而谁会料到它竟然是鲨鱼的“克星”呢？研究发现，豹鳎共有240条毒腺，这些毒腺分布在它的背鳍和臀鳍基部，每个腺体都有一个小开口，乳状的毒液就从这里分泌出来。一旦受到威胁，豹鳎能在敌人咬它之前，迅速分泌出致命的毒液来。这种乳状毒液四处散发，形成10多厘米厚的防护圈，环绕于身体周围，毒液的效果可以维持28小时以上。科学家还发现，这种毒液即使稀释5000倍，也足以使软体动物、海胆、海星和小鱼在几分钟内死亡。在鲨鱼进攻豹鳎时，它会被豹鳎

豹鳎是鲽形目的一科，这一目的鱼因为游动似蝶飞而得名。又因该目鱼类两眼同位于头一侧，被认为需两鱼并肩而行，故又称比目鱼。已知鲽形目有 31 属 117 种。身体呈鞋底状或舌状，眼位于头右侧，前鳃盖后缘不游离。多分布于热带。中国已知 18 种，主要分布在南海。

六斑刺鲀

分泌的乳白色毒液所麻痹，结果只能张着大嘴无法闭上。

其实鲨鱼也不是什么都能吃的。比如有一种针屯鱼，会在鲨鱼口中膨胀，使海水不能流过鲨鱼的鳃，鲨鱼便会窒息而死。还有一种一旦遇敌就变成一个刺球的六斑刺鲀，鲨鱼也只能白白地垂涎三尺了。

为什么有些小鱼是鲨鱼吃不得的？

小问题

第五篇
两栖动物和爬行动物

为什么说青蛙是人类的朋友？

两栖动物之所以被称为两栖类，是因为它们并不是纯粹的陆生动物，就是说它们产卵必须在水中完成。所以，冬去春来的时候，我们可以在江河湖泊、水沟鱼塘中看到成片成团的卵，它们就是两栖类动物的后代。

青蛙捕食大量田间害虫，是对人类有益的动物。它不单单是害虫的天敌、丰收的卫士，而且它那熟悉而又悦耳的蛙鸣，其实就如同是大自然永远弹奏不完的美妙音乐，是一首恬静而又和谐的田野之歌。"稻花香里说丰年，听取蛙声一片"，有蛙的叫声农民就有播种的希望，有蛙声就有收获的喜悦和欢乐！

青蛙是举世闻名的捕虫健将。有人统计过，一只青蛙一天平均要吃掉 70 多只三化螟虫、蚊子、苍蝇和小蜗牛等害虫。由此推算，一年青蛙便可以吃掉 1.5 万多只。一只青蛙吃这么多的虫子，成万成亿只青蛙吃掉的虫子，数目就更可观了。青蛙不但吃虫

牛　　蛙

多，而且它们还分工合作，即使各种害虫会飞、会钻、能爬善跳，使尽种种绝招危害农作物，但是遇到青蛙却无不一一丧生。更为可贵的是，就连青蛙未成熟长大的小宝宝蝌蚪，也有吃小虫的天赋呢。

　　虎纹蛙的个头儿虽不及声名远播的牛蛙来得大，但却是中国农田蛙类中的佼佼者。在空旷静寂的田野中，即使和嘈杂的泽蛙、嗓门洪亮的黑斑蛙等混杂在一起，它那单音节的深沉的鸣叫仍然一听便知。

　　因为个头儿大，虎纹蛙食量也大，一些小蛙、小鱼常常被它看中，一不留神就会被它吞到肚子里去，不仅如此，虎纹蛙仗着它的个子，有时候甚至不把蛇放在眼里，一些中等个头的蛇，想要斗败大大的虎纹蛙，还要费一番工夫呢。

与虎纹蛙相比，牛蛙因为叫声如牛叫般洪亮而得名。牛蛙生活在热带和亚热带的河川、池塘、湖泊这样的地方，也喜欢在稻田、水渠、沼泽及岸边的草丛等靠近水的阴凉、潮湿、宁静的地方活动。它通常夜晚出来活动、潜水或觅食，在水下能潜伏较长时间。它的名字中有"牛"字，因其声大如牛，在两三千米以外都能听到它的叫声。牛蛙以昆虫、小鱼、虾、小蛙及小蛇等为食。它的嗅觉十分迟钝，而且两眼间距大，不能形成双目视觉，所以对静止的物体反应迟钝，因此它喜欢吃活食，很少吃死掉了的东西。冬季，牛蛙就钻入水底几十厘米深的淤泥中休眠。

蛙类是一种在全世界都有分布的动物。躯体短小，变态后，尾巴会消失。幼体叫蝌蚪，主要以植物为食，长大成蛙后，以动物为食。

蝌　蚪

牛蛙的性情暴躁，跳跃能力和打洞的能力都很强。它体形粗壮，头部略呈三角形，嘴比较宽大，鼓膜很发达，对外界的声音很敏感，能感知十几米以外的声音。牛蛙没有脖子，因此它的头不能转动。

小蝌蚪吃什么？

小问题

121

壁虎为什么能飞檐走壁？

　　生活中有些现象真是令人困惑不解。比如一只 10 厘米长的小壁虎，就能在光滑如镜的墙面或天花板上穿梭自如，捕食蚊、蝇、蜘蛛等小虫子而不会掉下来。多少年来，人们对壁虎飞檐走壁的秘诀一直众说纷纭。许多人习惯地认为，壁虎能够在直立的玻璃表面疾步如飞，甚至能贴在光滑的天花板上，靠的是其四个脚掌上神奇的吸盘。后来科学家们通过实验发现，壁虎能够在一块

壁　虎

壁虎的爪子

垂直竖立的抛光玻璃表面以每秒一米的速度向上高速攀爬,而且"只靠一个指头"就能够把整个身体稳当地悬挂在墙上。除了能在墙上竖直上下爬行外,壁虎还能够倒挂在天花板上爬行,这一绝技更令其他动物望尘莫及。

壁虎脚底的黏着力究竟是怎样产生的呢?美国加利福尼亚大学伯克利分校的科学家罗伯特·福尔等人经过研究发现,看上去不起眼的壁虎,居然是自然界数一数二的"应用物理大师"。它脚底的力量,竟然来自宇宙中最基本的力——分子引力。靠着这种力量,一只身长5厘米的壁虎,用它不过几平方毫米大小的脚掌,理论上能够毫不费力地提起重达40千克的重物。

壁虎又是怎样自如地控制脚上的吸力呢？科学家用显微摄像机录下壁虎在玻璃上爬动的情况，发现当壁虎试图移动脚掌时，需要付出比吸住附着物时高600倍的力量，并将脚趾伸展到30度以上才能达到目的，这就如同人们扯下粘贴的胶带时所做的一样。而且，即使在真空环境下，它脚上的黏着力也不会失灵，这说明壁虎不必分泌任何物质以维持附着力，也不需要借助空气负压"吸"住物品。此后，美国科学家在研究中意外地发现了壁虎能够轻而易举附着于物体表面的另一原因：它们能自动清洁爪子绒毛上的脏物，以避免从爬行的表面脱落。

以前，科学家们也曾经猜测壁虎的脚可能有着自动清洗的功能，但它是如何保持脚的清

壁虎的身体可分为头、颈、尾、四肢、躯干五部分，全身长着鳞片。壁虎有脖子，所以头能够转动，比蛙灵活。它有比蛙强壮的四肢，依靠四肢、腹部、尾部的弯曲摆动贴地爬行。它身上长着的鳞片，可以减少水分蒸发，所以在干燥的环境中它也能够生存。

动物乐园 DONGWU LEYUAN

大 壁 虎

洁及其原理却是个未解之谜。壁虎从不清理自己的脚，而且脚部也不会分泌液体。路易斯—克拉克学院的凯拉·奥特姆和温迪·汉森对壁虎的这一神奇功能进行了研究，他们发现，不管壁虎在多么脏的物体表面行走，当它走了几步之后，脚上的脏东西就会自动脱落。他们认为，壁虎脚在踩踏脏东西之后，脏东西的颗粒只是堆积在绒毛表面，而不是粘在绒毛上，因此在堆积到一定程度之后这些颗粒在重力的作用下自然就会脱落了。

壁虎飞檐走壁靠的是四个脚掌吗？

小问题

眼镜蛇为什么不会被同类所伤？

眼镜蛇也是我们在影视作品里常常会看到的一种蛇。眼镜蛇全长 1~2 米，头部椭圆形，无颊鳞。当它被激怒时，可竖起前半身，这时颈部肋骨扩张，颈背显露出白色

眼　镜　蛇

在中国常见的眼镜蛇有两个亚种：舟山亚种颈背具有眼镜样斑纹，产于广东、广西、福建、台湾、浙江、江西、湖南、湖北、安徽和贵州，越南北部也有分布；孟加拉亚种颈背具有单眼斑，产于云南和四川西南部，印度、孟加拉、尼泊尔、缅甸、泰国和越南也有分布。

眼镜状的斑纹。背面黑褐至黑色。有的个体有细窄的白色横纹。腹面色较浅，颈部腹面有一黑色点斑和一黑横带。栖息于沿海低地以及内陆平原和丘陵，常见于灌木丛、坟地、稻田、鱼塘、溪边等处。主要在白天活动。夏季傍晚也出来活动。以鱼、蛙、蜥蜴、鸟、鼠、蛇或鸟蛋为食。卵生，经50天左右孵出小蛇。眼镜蛇是前沟牙毒蛇，它的蛇毒可治疗多种疾病，又是优良的镇痛剂和抗凝血剂。

美国耶鲁大学爬行动物专家佐尔坦·陶卡奇发现，其他动物在被埃及眼镜蛇咬伤后，蛇毒会令动物在数分钟内死亡，但眼镜蛇却不会被自己或同类的蛇毒所伤。陶卡奇通过分析发现，埃及眼镜蛇毒液中的主要致命物质是神经毒素，该物质负责攻击动物肌肉细胞中的乙酰胆碱受体，引发异常的神经信号，使被咬动物因肌肉收缩、窒息而死亡。

　　而埃及眼镜蛇肌肉细胞中的乙酰胆碱受体分子与其他动物基本一样，唯一不同的是

有着剧毒的眼镜蛇

眼镜蛇的乙酰胆碱受体分子中含有一个特殊的氨基酸。这种分子结构导致眼镜蛇的乙酰胆碱受体表面被一种大体积的糖分子覆盖，蛇毒中的神经毒素无法固着在该受体表面。当专家设法将眼镜蛇乙酰胆碱受体表面的糖分子除去后，眼镜蛇竟然也对自己及同类的蛇毒敏感起来。

利用上述发现，研究人员改造了实验鼠的遗传物质，使其乙酰胆碱受体表面具有了大体积糖分子，结果这种实验鼠也不怕埃及眼镜蛇的蛇毒。

小问题

改造后的实验鼠为什么不怕埃及眼镜蛇的蛇毒？

格巴亚斯人是如何捉蟒蛇的？

蟒（又名黑尾蟒、印度蟒）生活在热带、亚热带山区的森林中。它是一种巨大的动物，长可达 10 米，重可达 100 千克。它独居，大部分时间在溪流或林中盘成一团休息，行动迟缓。蟒也要冬眠。它在捕食的时候能发动突然袭击，咬死并吞食10~15 千克重的猎物，但一般以小型动物为食。繁殖期6~7 个月，体内受精，每次产8~30 个卵，

人工养殖的蟒蛇

蟒蛇的视力其实很差

雌性孵化、护卵，孵化期为两个多月。

有关蟒的巨大和凶猛的传说很多，甚至谣传蟒能够将人吸到口中。其实蟒很少伤人，它们是既聋又哑的动物，视力也差，主要依靠它们的热感器官和犁鼻器来探知猎物，猎物一动它就会迅速反应，咬住猎物。它们的头骨与下颌骨关节非常松弛，因而能够吞食比自身粗得多的猎物。

喀麦隆的少数民族格巴亚斯族人喜欢一种冒险的职业——到洞中捕捉蟒蛇。要捉到蟒蛇，格巴亚斯族的猎人们必须要钻进狭窄深长的蟒蛇洞穴里。他们可能会遇到危险，因为虽然蟒蛇无毒，但它们可以用自己的牙齿把"侵略者"咬伤。为了保护自己孵卵的

蟒是中国最大的蛇类，体长6～7米，头颈分区明显。肛孔两侧有后肢残余，呈爪状。身体背面为灰棕色至黄色。中央有一列棕红色，镶有黑边，略呈方形的大斑块，两侧又各有一列较小的斑块镶嵌排列。头顶背面的斑块呈矛形。腹面为黄白色，具少数黑褐色斑。眼小，瞳孔直立，呈椭圆形。

窝，母蟒会张开口露出牙齿，盘绕在几十枚卵上，随时准备噬咬敢于来犯之敌。

格巴亚斯人在夏季，即母蟒在食蚁兽挖出的洞穴中产卵孵化季节，便相约前去捕捉蟒蛇。他们用火烧掉荆棘树丛，开辟出长约百米的通往蟒洞的道路。猎蟒人举着火把，钻进狭窄的蟒洞，直至发现蟒蛇。当到达洞底母蟒孵蛋处时，格巴亚斯人将火把放到蟒蛇头边，用火苗遮住蟒蛇的双眼，用另一只手抓住蟒蛇的脖颈。由于看不清眼前的情形，蟒蛇会任人抓住。如果蟒蛇想咬，猎人会把用兽皮包裹着的一只手伸过去让蟒蛇咬住。这样就给猎人一个机会把蟒蛇拖出洞外。

向洞外退出是很危险的，因为猎人既要向后倒退，又要防备遭到小虫的袭击，特别是当挖洞的食蚁兽在场时，它们会迅速围上来咬猎人。把蟒蛇拖到洞口时，在洞外的伙伴就抓着脚把猎人拉出来。蟒蛇一被拖出地面，便开始发起反击，缠绕住猎人的脖子。如果没有同伴帮助把蟒蛇拉开，猎人就会被蟒蛇勒紧窒息而死。

格巴亚斯族是非洲唯一敢于从事这种冒险生涯的少数民族。人们很少看到他们有人因捕蟒蛇而致死，尽管他们事先用兽皮包裹了手和小臂，但他们在接近蟒蛇时仍会心惊胆战。如今，捕捉蟒蛇的猎人越来越少，

蟒蛇可以吞食比自身粗得多的猎物

捕 捉 蟒 蛇

因为格巴亚斯族的年轻人拒绝像他们的祖辈
一样再钻进洞里与蟒蛇打交道。

蟒蛇有毒吗？

小问题

为什么海龟要流泪？

海龟是终年生活在热带和亚热带海洋中的爬行动物，以体大和长寿闻名于世界。它的力气很大，能够驮着一个人毫不费力地爬行。在沙滩上的海龟，就是几个年轻力壮的小伙子也难以把它拖走。别看海龟在沙滩上行动笨拙，由于它的四只脚像船桨一样，拨水能力很强，扁平的脚趾也为它在海中游泳提供了方便，所以能在翻滚的波浪中乘风前进。如果仔细观察它的眼睛，可以看到海龟和鳄鱼一样，也会流眼泪，似乎它很痛苦，

海　龟

难道它不高兴吗？不是。实际上海龟的眼泪有着特殊的功能，那就是把体内多余的盐分排出，同时洗去眼中的沙粒。

近来，人们研制了海龟形状的潜水艇，用来在海洋中搜索沉没的舰船，科学家们还想把海龟训练成为救护员，传送救护物品给遇险的人。在科学发达的今天，海龟还真能派上大用场呢！

海龟喜欢大风大浪的生活，但是乌龟却更愿意过平静的生活。乌龟是海龟的异族兄弟，是一种常见的龟类，乌龟不在波涛滚滚的海洋中过日子，而是在风平浪静的江河湖泊里度过一生。乌龟的头壳光滑不具鳞片，吻尖，背甲有明显的凸出，具有纵棱，颈部、尾部和四肢均可完全缩入甲中。四肢粗壮扁平，不呈桨状，既可在河中游水，也可以在陆地上爬行。这一切也是乌龟和海龟的不同之处。

　　乌龟坚固耐用的护身甲（龟壳），早就引起了人们的注意。古代罗马人为士兵制造了龟形甲盾，以阻挡敌人的刀砍箭射。美国的坦克设计师在龟壳启发下，设计出一种300吨重的舍曼式坦克。

海龟返回故乡产蛋

乌龟的生命力很强，几个月不吃东西也饿不死。在夏季，它每天的睡眠时间在 12 小时以上，一到秋天，它就更加贪睡了。这一睡，它竟把整个冬天都睡过了，一直到春暖花开，才一觉醒来。乌龟一生中 4/7 以上的时间是在睡眠中度过的。正因为如此，乌龟也是动物中很长寿的，可以达到一百多年，人们称它为"寿星"。中国海南省有只金钱龟已活了 130 年左右，还曾在海口市人民公园与观众见面呢！更有甚者，在沈阳市发现一只乌龟在房子地下埋了 50 多年还活着！

海龟为什么会流泪？乌龟为什么长寿？

小问题

扬子鳄为什么要吃石头？

扬子鳄是一种水陆两栖的爬行动物。群居，由大小个体差不多的组成一群，主要生活在人烟稀少、终年积水的沟湖、水塘之中，在岸边的芦苇滩、竹林、灌木丛中掘穴。洞穴一般在距地面两米深处，洞穴构造复杂而合理。有洞口、洞道，洞中有卧台、水潭、气洞等。扬子鳄大部分时间生活在洞穴中。

扬子鳄是个潜水能手，一次能潜水几

扬子鳄的大嘴

鳄鱼属于脊椎动物门的爬虫类，是爬虫类中最进化的，有几种接近哺乳类的特征。一度大量分布于亚热带及热带地区，以鱼类、鸟类及哺乳类等小型动物为食，偶尔也会侵犯人、畜等大型动物。它们的两颚强壮，上颚不动，下颚则活动自如。圆锥形的牙齿用来袭击及捕捉猎物，咀嚼食物的工作则由胃部负责。

个小时。它之所以能长时间潜水，是因为它能调节血液中氧气的消耗。每次潜伏水下的时候，每分钟心跳只有两三次，血流量大大减少，多数器官氧的供应几乎中断，只保护对脑的供应。

扬子鳄看起来丑陋粗笨，可是捕食的时候却粗中有细。平时浮在水面，只露出眼睛和鼻尖，静静地伺机捕食水中鱼类和岸边鼠类等动物。一旦发现食物，就悄悄潜游过去，甚至水面都不起水波。潜到猎物跟前，它会突然使用长长的有力的尾巴把猎物打晕，然后用嘴咬住，拖进水里。

有时候人们会看到它吃石块，难道石头

扬子鳄正准备捕食

也能当饭吗？扬子鳄吞食石块，一是为了帮助消化，因为鳄鱼吃东西，一般不经咀嚼，囫囵吞食，需要借助石块磨碎食物；二是为了增加体重，有助于潜泳，石块起到了像船上压舱物的作用。

扬子鳄是怎么捕食的？

小问题

巨蜥和鳄蜥捕食时有什么不同?

　　巨蜥主要生活在热带、亚热带的山区溪流附近或沿海河口地带，因其生活在近水处，所以它既善游泳，入水捕鱼，又可爬到树上觅食。此外，它以捕捉鱼、蛙、鸟、鼠、蛇及昆虫等为食。巨蜥性好斗，较凶猛，遇到危险时，常以强有力的尾巴做武器抽打对方。它的一般寿命可达150年。

　　巨蜥成年体长1米左右，最长可达2.5米。其头嘴较长，而鼻孔离嘴端很近；耳孔与眼径一样大；舌头不仅长而且前端有分

鳄　蜥

自由自在的巨蜥

叉；四肢强壮，趾上有锐爪；其背面有小黄斑，故称"五爪金龙"。

巨蜥对付敌害有多种方法：一是迅速上树，用爪子抓树，威吓对方；二是鼓起脖子，吐出长舌头，发出嘶嘶声，恐吓对方；三是在危急时会把吞下不久的腐尸等食物喷向对方；四是用尾巴攻击对方。

与巨蜥相比，鳄蜥捕食却是暗中不动。鳄蜥是一种古老而原始的蜥蜴，尾长超过体长。身体类似蜥蜴，呈圆柱形，尾则侧扁，类似鳄，故名"鳄蜥"。它很可能是第四纪冰川后期残留下来的特有种类。所以，鳄蜥十分珍贵。

作为一种原始的爬行动物，鳄蜥非常依恋水中的生活。平时不大活动的鳄蜥，要么蹲在水边的岩石上，要么紧贴离水面很近的树干，一有风吹草动，立即跃入水中。所以，中国广西当地居民不仅称它为"大睡蛇"，也叫它"落水狗"。但鳄蜥若发起蛮劲来，也不逊于鳄鱼，它用缓慢移动的方式接近猎物，然后突然跃出，常常能够得手。鳄蜥之间的打斗也时常发生，有时候近于残酷，咬断尾巴是家常便饭。好在它的断尾可以再生，要不然，自然界留存的大部分都是残疾鳄蜥了。

多数蜥蜴在遇上危险时能够自断尾巴，让尾巴吸引敌害，然而巨蜥不这样，它的尾巴不是"牺牲品"，而是防卫武器。巨蜥力气大，用力甩尾巴足可以把一个成人摔倒。由于鳄蜥以水为生存环境，因此它的水下功夫特好，一条幼年鳄蜥的潜水时间可以达到5分钟，而一条成年鳄蜥，竟然能潜水一二十分钟，自然而然地，很多水中小动物，就成了鳄蜥的点心。

鳄蜥捕食

在危急情况下，鳄蜥会采取什么办法逃生？

小问题

第六篇
鸟 类

猫头鹰是鹰吗？

猫头鹰的两眼不像一般的鸟类长在头的两侧，而是位于头部的前方，眼睛周围的羽毛又呈放射状，与猫相似。而它的喙和爪，

猫 头 鹰

猫头鹰的大眼睛只能朝前看，要向两边看的时候，就必须转动它的脖子。猫头鹰的脖子又长又柔软，能转动270°。由于是夜间出来捕食的猛禽，它们的听力显得特别重要。猫头鹰的头骨不对称，所以它的两只耳朵不在同一水平上，有利于根据地面猎物发出的声音来确定猎物的正确位置。

像鹰一样锋利，性格又同老鹰那样凶猛，因而得到了猫头鹰这个名字。

　　猫头鹰的生活习性和老鹰不同。白天它看不见东西，像瞎子一样，停留在茂密的树枝上，不是藏在树洞中休养生息，就是呼呼入睡。如果一有什么动静，它就会立刻醒来，瞪大眼睛，头上的两簇羽毛，也跟着竖起来搜查情况。到了晚上，它的双眼炯炯有神，能看见地面爬行的老鼠，这时正是它活动的好时光。它四处活动寻找食物，专门捕食老鼠、蚊子和昆虫等小动物。有人统计，一只大的猫头鹰每日平均食量为353克，一夜间可以吃掉3~4只老鼠，一年就可以消灭老鼠1000只左右。

猫头鹰的目光十分锐利

猫头鹰的身体有适于夜间捕鼠的构造，它的视网膜是由圆柱细胞组成的，对黄昏或夜间的微弱光线特别敏感，它感受弱光的能力比人眼强 100 倍，夜晚它放大瞳孔，视觉敏锐，善于发现老鼠。猫头鹰还有一对不寻常的耳朵，耳孔特别大，能听四方，还对每秒振动 8500 次以上的高频音波极为敏感。它有特殊的眼睛和耳朵，使它在黑夜中具有很强的视力，听觉也异常敏锐。在寂静的山村里，它可以清楚地洞察到在地上偷偷摸摸行窃的老鼠。

在北美和拉丁美洲生活着钻地猫头鹰，活动在开阔的草地和农耕平原上。成年猫头鹰体长一般为 28 厘米，翼展 60 厘米，喜欢捕食甲虫、个头大的昆虫、麻雀和老鼠等小动物。这种猫头鹰以啮齿类动物遗弃的洞穴为巢，或者自己打洞为巢，洞口堆满了各类哺乳动物的粪便。

一般认为猫头鹰利用这些粪便作诱饵，但这并不意味着它们是有意识地利用这种手段捕捉甲虫。有人怀疑，猫头鹰在洞口堆积动物的粪便，可能出于其他一些原因。比如，可能是为了掩盖巢穴里刚孵出来的小鸟身上的味道，或许是为了吸引异性猫头鹰。猫头鹰本来就有收藏垃圾的习性，易拉罐、破布片，甚至在公路上被车辗死的蟾蜍都会被它叼回巢穴。所以，这些动物的粪便刚开始时也许只是它们的一件"收藏品"，只是后来才发现这些粪便可以吸引甲虫，满足自己的"口福"。

小问题

猫头鹰为何喜欢在洞口堆积粪便？

动物乐园 DONGWU LEYUAN

为什么说丹顶鹤是鸟中贵族？

在中国古代的神话传说中，丹顶鹤就是仙鹤，它总是与仙人、高士为伴，成为超凡脱俗的象征。丹顶鹤是鹤类的代表，是鸟类的贵族。很多画家也喜欢把丹顶鹤和苍松组

丹　顶　鹤

丹顶鹤是中国一级保护动物，分布在亚洲的寒温带，自蒙古东北部至中国东北、俄罗斯沿海地区和日本北海道，越冬时，分布于中国长江下游各省和朝鲜半岛。

合在一起，成为一幅祝寿图。丹顶鹤确实不同凡响，它在求偶时的姿态美丽动人，无论是曲颈还是昂头，无论是漫步或是跳跃，都是轻柔优雅，美不胜收。

丹顶鹤有很强的家庭观念，这从它们筑巢时的行为就可以看出来。筑巢时，雄鸟是搬运工，负责采集芦苇、水草、乌拉草等，而雌鸟是建筑师，运用这些材料为小鸟构筑一个安乐窝。产卵以后，夫妻更是黑夜白昼，轮流值班，直到小生命出壳为止。当然，出壳的小鸟还要学习觅食、飞翔等很多本领，等到它羽翼初丰时，冬天就要来了，于是这一家子就会和别的家庭一起，加入南迁的大部队中去，等到第二年3月中下旬再飞回来。

丹顶鹤还不怕火烧呢！有一次一片森林

被烧光了，但是丹顶鹤却安然无事，为何呢？因为丹顶鹤属于候鸟，每年的 10 月中下旬丹顶鹤都会飞到江南一带过冬。而且丹顶鹤的警觉性很高，火根本烧不到它。这场火灾只是违背了丹顶鹤的自然习性，使它们提前迁徙。有些体力还未准备好的，就在保护区里

飞翔的丹顶鹤

夕阳下的丹顶鹤

进行短迁。有些受到惊吓的就会飞到其他的湿地进行修整，准备迁徙。还有一些人工喂养的丹顶鹤已经变成了留鸟，现在已被保护起来。

小问题

丹顶鹤夫妇是如何分工持家的？

天鹅小时候真的是丑小鸭吗?

大天鹅以其洁白的羽毛、修长的颈项以及优雅的体态成为人们心目中完美的偶像,看过芭蕾舞剧《天鹅湖》的人也会把它看作圣洁的象征。安徒生的童话《丑小鸭》家喻户晓,人人都因此知道天鹅雏鸟的相貌长得

优雅的天鹅

天鹅的雏鸟长得很像小野鸭

和小野鸭没有太大的区别。不过也许很少有人知道天鹅长大后也披这种灰色的羽毛，这种相貌一直要维持到下一年的冬天。当秋风再一次刮起时，它们才换上像父母一样洁白的羽毛。洁白的羽毛是成年的标志。

大天鹅平时雌雄成对生活，形影不离，孵卵期间夫妻感情尤为深厚。当雌鸟孵卵时，雄鸟就在一边专心放哨，一旦发现敌情，立即高声鸣叫，雌鸟接到通知后，会迅速地用杂草、枝条、绒羽等将卵掩护起来，然后隐身于草丛中，直到警报解除，才会继续它的孵化工作。

大天鹅生性高雅，种群家族关系密切，

用一句人性化的语言来讲，家庭观念极强。天鹅和人的社会结构有些相似，日常活动以家庭为基本组织，由父母带领幼鹅。仔细观察，每组天鹅中纯白色的是父母，而当年的小天鹅是灰色的，所谓丑小鸭变成了白天鹅即指这一过程。大天鹅还有很多人性化的性情，对爱情忠贞不渝，据说夫妻一方逝去，另一方终身不嫁或不娶。

大天鹅的脖颈特别长，它在水中随意游荡时，常常将脖颈弯成非常好看的"S"形，而当它们飞翔于天空中时，头颈会拉得笔直。

大天鹅的飞翔能力也非常惊人，《吉尼斯世界纪录大全》把它列为世界上飞得最高的鸟，因为有证据表明，有一组大天鹅曾经飞越了世界最高峰——珠穆朗玛峰。

大天鹅分布于中国、俄罗斯及北欧等地，栖息于水生植物茂盛的湖泊、水塘、沼泽等处，以水生植物的种子、茎、叶为主食，也吃软体动物、水生昆虫等。

天鹅具有惊人的飞翔能力

世界上飞得最高的是什么鸟？能飞多高？

欧洲的报喜鸟是什么鸟？

在欧洲，白鹳被看作是一种吉祥鸟，如同我们中国人看待喜鹊一样，所以，那些营巢在人家房顶上或者是房前屋后大树上的白鹳会受到极大欢迎。人们把白鹳在房顶上建巢当作是"吉祥"的象征，在车水马龙的城市里的塔楼、电线杆、水泥烟囱上都能看到筑巢的白鹳。不过，相对来说，白鹳不太喜欢到人迹频繁的地方来栖息繁殖，而是钟情于那些人烟稀少的沼泽、滩涂边。当食物匮

白　鹳

　　欧洲白鹳是一种普通的迁徙鸟，身长大约 1 米。头、颈和身体都是洁白的白色。翅膀有一些黑颜色。喙和腿都是红色。脖子很长。胸部的羽毛长而且向下垂，白鹳经常把它的长喙藏在胸部的羽毛里面。它们常在潮湿的沼泽地出没，吃鳗鲡和其他鱼类以及两栖动物、爬行动物、幼鸟和小型哺乳动物。它们粗糙的窝筑在高大的树顶、建筑物的废墟或者摈弃的烟囱上，一般用树枝和芦苇搭成。

乏时，它们才会逐渐转移到鱼塘或农田中来，因此，能够与白鹳比邻而居的寻常人家是少之又少。

　　白鹳的巢虽然简单，但它们自己却不嫌弃，相反，有些巢还会被反复利用数年，只是在必要的时候才修修补补。孵化后代时，雌雄双方各尽所能，尤其是作为父亲的雄鸟，还常常放弃休息，伫立于小巢之上，靠

白鹳飞舞

警惕的眼睛和敏锐的听觉来保护巢中母子。

在中国出产的新疆白鹳曾被人们称为"送子鸟"、"吉祥鸟"。新疆白鹳是欧洲白鹳的一个亚种，曾广泛分布在中亚和我国新疆西南部地区。19世纪70年代，英国博物学家斯考利在喀什等地发现了新疆白鹳群。他详细记录了这种白鹳的生活习性和分布状况。此后，中外生物学家多次调查，但再也没有发现新疆白鹳的踪迹，而且迄今为止，国内没有任何新疆白鹳的标本和照片。

白鹳一直被生物学家称为环境的指示鸟。它是一种比大熊猫历史更久远的生物。新疆

白鹳的绝迹无可争辩地说明自然环境在趋于恶化。至于白鹳绝迹的原因不外乎两个，一个是自然的原因，但更重要的是人为原因。20世纪中期以来大规模的开发，湿地面积逐渐减少，适合鸟的栖息地逐渐萎缩；过度捕捞使得食物短缺；还有其他一些原因，如：化肥的使用、污染等造成的一些威胁。目前，鹈鹕、鸿雁、白鹳、疣鼻天鹅等珍惜鸟类在新疆的数量也极为稀少了。

小问题

白鹳在什么地方筑巢？

什么鸟不能飞？

一说到鸟儿，我们就想象它挥动着一双翅膀在天空中翱翔。你一定会问：鸟儿还有不会飞的？不错！世界上最常见的不会飞的鸟有两种，一种是企鹅，另一种就是鸵鸟。

企　鹅

蹒跚行进的企鹅

　　企鹅一直生活在被海洋隔绝的南极洲，成为那里的老居民。企鹅有一身美丽出众的羽毛，前胸白色，背部黑色或深蓝色，活像一个穿着白衬衫和黑外衣的人。它身高1米多，体重30~40千克。

　　企鹅一生一世都生活在冰雪和寒水中，它们不畏严寒，即使在 - 88.30℃的低温下，依然毫不在乎照样生活。这是由于它们遍身有又厚又密似鳞片的羽毛，能防止体内热量的散失，保持体温，皮下蓄积着一层肥厚的脂肪，能提供热量，抗拒严寒。

企鹅是非常善良温和的动物，它们喜欢跟人类接近。长城站所在的乔治王岛离企鹅岛很近，当科考队员到来，岛上热闹起来时，企鹅们就过来站在周围看。人们搬运器材时，企鹅们就总在脚下磕磕绊绊。看着它们那么憨厚可爱，谁又忍心责怪它们碍事呢？

在所有的企鹅中，最漂亮的企鹅是帝企鹅，这是在南极大陆过冬的唯一的企鹅种类。每年南极的冬天，气温降到－60℃，正是它们哺育小企鹅的时候。企鹅夫妇是人类家庭的模范，它们终生只有一个配偶，而且在抚

如今在南极地区生活的企鹅，其祖先是管鼻类动物，是在赤道以南的区域发展起来的。科学家推测，它们不继续向北挺进到北半球的原因，可能是企鹅忍受不了热带的暖水。它们分布范围的最北限与年平均气温20℃区域的连线非常一致。温暖的赤道水流和较高的气温形成一个天然屏障，阻隔了企鹅跨越赤道北上。它们必须呆在南极的冰雪融化的水或由深海涌来的较冷的水流经过的海域里。

企鹅夫妇悉心照料它们的孩子

养小企鹅的期间，夫妇俩绝对尽心尽力。小企鹅从出生到学会自己捕食需要 4 个月的时间，这是企鹅家庭经历严格考验的时间。因为每对企鹅父母都可以分辨出自己的孩子，而对别人的孩子它们是绝不喂养的。所以在小企鹅长成之前，一旦它们的父母在外出捕食时遇到什么意外，小企鹅就必死无疑。企鹅在陆地上最大的天敌是贼鸥。企鹅是很聪明的鸟。有人捉了十几只企鹅，关在雪下 3 米深的栏中，它们竟会搭"人梯"一只只攀越逃出去呢！

企鹅为什么不会飞？

小问题

鸵鸟的胆子小吗？

　　除了企鹅以外，另一种不会飞的鸟就是鸵鸟了。企鹅善于滑行，而鸵鸟只会在地上奔走。这是为什么呢？因为鸵鸟的双翼很小，小得和它的身体很不相称，使它有翅难

骑鸵鸟比赛

神气十足的鸵鸟

飞。但是，鸵鸟长期在沙漠荒原上，为了生存而长途跋涉，它的腿长得既粗壮，又长而有力，脚趾下面还有厚褥，所以鸵鸟善于奔跑，它一步就能毫不费力地跨越 3.5 米，跃过 1.5 米高，每小时可以跑 50 千米。在顺风快跑时，它会高高举起翅膀，犹如一艘扯满风帆的船，时速可达 70 千米，如此速度令快马望尘莫及。鸵鸟的身体实在太重了，非洲鸵鸟可以高达 2.75 米，体重 75 千克，真算得是鸟中的大王了。它走起路来，总是昂首阔步，神气十足。

鸵鸟成群活动，每群数量5～50只不等。睡觉时，它们将脖子伸直搁在地上，两腿后伸。这时候，它们留下一只鸵鸟值班，只要一有情况，便发出信号，全群就会一跃而起，迅捷地跑走。依靠强壮的双脚，它们可以逃避敌人，主要是人和大型的猛兽。鸵鸟的脚很独特，只有两个趾，大的长得像蹄一样。受惊的鸵鸟逃跑的时候，速度比骏马还快。被逼急了的时候，它会用脚来踢，给对方造成很大的威胁。

鸵鸟主要以食植物为主，有时也捕捉一些动物。它们可以很长时间不喝水照样生存。每到繁殖季节，每只雄鸵鸟和3～5只雌鸟同窝。如有外来者窥视，它会发出愤怒的吼声

大约500万年前，鸵鸟在地球上广泛分布。在俄罗斯的南方、印度和中国的中部和北部地区，都曾发现过鸵鸟的化石。西非鸵鸟和阿拉伯鸵鸟已属濒危动物。也有人认为，产于叙利亚和阿拉伯半岛的叙利亚鸵鸟已在1941年灭绝。

镜头里的鸵鸟特写

或嘶嘶声驱赶来犯者。它们的窝筑在地面上，一窝产 15～60 个白色的亮晶晶的蛋。晚上由雄鸟坐着看守，白天再轮到雌鸟。小鸵鸟在孵化 40 天以后出壳。再过一个月，它们就可以和成鸟一起奔跑。为了躲避危险，小鸵鸟会和大鸟一样，躺在地下隐蔽起来，只把头伸出来。这让人们以讹传讹，说鸵鸟被猎人或猛兽追赶脱不了身时，就将脑袋往沙堆里一钻，以为这样就可以化险为夷。人们把这称为"鸵鸟政策"。其实，鸵鸟健步如飞，力气过人，一脚能把人踢死，何必把头钻到沙堆里去？真的要是鸵鸟把头钻进沙堆里，它不需多久就会窒息而死。

别看鸵鸟力大过人，性情却非常温顺，容易驯养，一经驯服，很听使唤。在鸵鸟的故乡非洲，不少人饲养鸵鸟为他们搬运东西、用鸵鸟管理羊群。在偏僻的乡村，还可以看到头颈上挂着邮包的鸵鸟在健步奔走，为民送信，可谓世界奇闻。

小问题

鸵鸟奔跑的最快时速是多少？

织布鸟为何有这么好的筑巢功夫？

织布鸟是动物中最优秀的纺织工。不过它织的不是布，而是自己的房子。

织布鸟来自非洲和亚洲，体型和麻雀差不多，有70个不同的品种。大多数织布鸟吃种子，尤其是草籽，但也有吃虫子的。它们会在树干上跳上跳下，在树皮中找虫子吃。一年中，除了在繁殖季节，雄鸟会穿一身鲜艳的羽毛外衣以外，其他时间里，雄鸟和雌鸟都呈暗褐色。它们在有树木的地方

织 布 鸟

织布鸟筑巢

生活，并在树上筑巢。

　　每到繁殖季节，雄鸟就开始了一场编织吊巢的紧张角逐。它们先把衔来的植物纤维的一端紧紧地系在选好的树枝上，用嘴来回编织，穿网打结，织成实心的巢颈。然后由巢颈往下织，密封巢顶，外壁增大，中间形成空心的巢室。在巢的底部织一个长长的飞行管道，末端留有开口。这样，巢顶既能防风遮雨，又能挡住灼热的阳光，飞行管道用来防御危险的树蛇。

雄鸟把主体工程完成以后，就围绕着巢口振翅飞翔，炫耀求偶。但是，雌鸟对"婚房"的质量十分挑剔。如果雄鸟在一周内还没找到"对象"，就会自动拆除辛勤织起来的吊巢，并在原处重新设计和编织一个更精巧的吊巢。当巢织成之后，雄鸟会在入口处再次炫耀它那黄色或是红色的羽毛，希望能吸引雌鸟。如果这次博得了雌鸟的赞许，它们便订下了终身大事，共同布置装点"新房"。雌鸟从入口钻进去，用青草或其他柔韧的材料装饰内部，在巢内飞行管口的周围，雌鸟还特意设置了栅栏，以防止鸟卵跌出巢外。一切工作结束之后，雌鸟便在巢内

织布鸟主要活动于农田附近的草灌丛中，营群集生活，常结成数十以至数百只的大群，性活泼，主要取食植物种子，在稻谷的成熟期，也窃食稻谷，繁殖期兼食昆虫。在繁殖期中，常数对或十余对共同在一棵树上营巢。

织布鸟群常常把巢筑在一起

安然地产卵、孵卵、照料孩子。

中国有两种织布鸟：黄胸织布鸟和纹胸织布鸟，以黄胸织布鸟较为常见，都分布在云南省的西双版纳地区。它们常栖息在居民点附近的耕地及丛林中，不太怕人。3~8月间结群繁殖，主食植物种子和成熟谷物。

织布鸟的巢为什么这么精美？

小问题

第七篇
哺乳动物

老虎和狮子都是猫科动物吗？

几千年来，老虎一直被人们称作"百兽之王"，它意味着勇猛、力量和不可战胜。而狮子则生长在非洲大草原上，只有它们敢于在光天化日之下呼呼地睡着大懒觉。

提起老虎，人们总是很害怕，怕它伤人。其实老虎并不像人们想象的那样凶残，它是怕人的，一般不敢主动伤害人，只是在极个别的情况下，如受了伤，不能正常猎取

老　虎

动物园里的老虎

野生动物，饿极了，才冒险去攻击人。据统计，会吃人的老虎，在 100 只老虎中也不见得有一只呢！老虎长期生活在山林、灌木和野草丛生的地方，它没有固定的家，也没有伙伴，常常我行我素，独来独往。雄虎各自为政，占山为王，不让别的雄虎随便闯入领地。所占地盘一般在 65～650 平方千米，"家"里面只有几只雌虎。白天，老虎在森林里睡大觉、休息，夜间到来时它便开始捕猎了。

　　老虎是野生动物中最凶猛的兽类，它一巴掌能把活蹦乱跳的梅花鹿打倒在地；它一跳，能跳上两米高的山岗；一跃，能越过 7 米远的距离；抓住野猪，衔在口里还能游过湍急的河流。

非洲是狮子的故乡，非洲狮广泛分布于非洲撒哈拉沙漠以南的草原上。非洲狮被人们誉为草原上的兽中之王，这不是因为它的凶猛和巨大，而是因为它那洪亮的吼声和威武的雄姿。它们黄褐色的皮毛同天然背景浑然一体，因此，即使在白天如果不仔细辨认也很难发现它。狮子的牙齿可厉害了，上下颌各有一对裂齿，咬起食物来就如同剪刀的两片利刃。

虽然老虎和狮子都是猫科动物，但它们也有不同之处，比如狮子喜欢过集体生活，有时三五成群，有时二三十只组成一个家。

中国是世界上老虎最多的国家。从北面的黑龙江，到南面的西双版纳，从东海沿岸至新疆罗布泊，可以说除海南和台湾外，各省市都有过老虎的踪迹。我国的老虎有东北虎、华南虎和孟加拉虎。近年来，由于老虎的生存环境越来越受到人类的破坏，野生老虎已所剩不多了，大概只有几千只。

狮　子

狮子白天休息，凌晨、黄昏或晚上捕猎。由于狮子没有长途追击的耐力，所以一般采取伏击的方式捕获猎物。得到猎物时，首先由一家之长的雄狮撕碎猎物，独自享受一番，然后才让幼狮饱吃一顿，最后才轮到其他的狮子蜂拥而上，你一口我一口地吃。如果遇到食物不多，大狮子只顾自己吃，让小狮子饿死也毫不怜惜，真是狠心的父母啊。

为什么说狮子是狠心的父母？

小问题

哪一种豹最凶残？

在国外，豹是威严、勇敢、坚强和力量的象征，所以有的国家国徽上画着豹，如圭亚那的国徽上画着一对豹、索马里国徽上也画着一对豹。与老虎和狮子相比，它们的本事要略逊一筹。例如，金钱豹虽然捕食比老虎聪明，但却缺少老虎的谨慎和耐心，自以为是，因此常常由于贪食、好杀动物而常常落入猎人的圈套成了猎物。

金钱豹是善于捕猎的动物。在森林中

一群小豹

两只豹在观望

目空一切，它不但会袭击像骆驼、长颈鹿那样的食草动物，就连比它大一倍的山中之王猛虎，它也敢主动攻击，不把老虎放在眼里，横行霸道，成了林中的恶霸。别看金钱豹的躯体比华南虎小，但性子比华南虎还凶恶残暴。它的爬树本领非常高，无论多高的树它都能爬上去，并常到树上捕食猿、猴和鸟儿，或者潜伏于树杈上一动不动，两眼盯着下面，一旦下面有鹿、野猪或野兔等走过时，便马上跳到它们的背上咬杀对方，把猎物咬得措手不及。更可恶的是，当发现有人追踪时，它会偷偷地爬到树上，潜伏在树枝上，然后出其不意地从树上猛扑下来，把人击倒杀死。如果说金钱豹是单靠凶猛获得食物，那么雪豹可比它精明多了。

雪豹，从名字上就可以知道，它是属于经常栖居于高山雪地上的动物。从体形上看，雪豹是一种身材匀称、动作矫健的动物，称得上是动物界的一员运动健将了。就连善于攀登的羚羊，也时常成为雪豹的猎物。当然，雪豹并不是对猎物采取穷追猛打的方式，要是这样的话，恐怕追到它眼冒金星，羚羊们还是在大气不喘地跟它捉迷藏。

雪豹聪明得很，一般采取以静制动的方式，等到猎物慢慢靠近时，才从隐蔽处突然杀出，给对方以致命的一击。当然了，一旦有机会的话，它也会主动靠近猎物，因为美餐不会总是自动送上门的。

雪豹因为全身披有厚厚的绒毛，所以很耐严寒，即使气温在零下二十多摄氏度时，

雪豹性情凶猛异常，但在野外从不主动攻击人类。它们行动敏捷机警，四肢矫健，动作非常灵活，善于跳跃，是著名的跳高、跳远能手。3米的高崖它们也可以纵身而上，据说还有一跃跳过 15 米宽的山涧的纪录。

雪　豹

也能在野外活动。由于毛色和花纹同周围环境特别协调，形成良好的隐蔽色彩，因此很难被发现。金钱豹和雪豹的能力让我们吃惊，但是云豹捕猎的本领也不比它们逊色。

　　云豹又叫乌云豹，它的个头比金钱豹和雪豹都要小，体重一般也只有20多千克，最大的也不过30千克。云豹全身淡灰褐色，身体两侧约有 6 个云状的暗色斑纹，这也是它被称作云豹的原因吧。

云豹身体两侧的深色的云纹正是很好的伪装。因此，它们在丛林里生活，很不容易被发现。平时云豹非常安静，即使当你从它们蜷伏的树枝下走过时，你也不知道你的头顶上就有云豹。它们个子虽然短小，但却具有猛兽的凶残性格和矫健的身体。云豹白天休息，夜间活动，它爬树的本领非常强，喜欢在树枝上守候猎物，待小型动物临近时，能从树上跃下捕食。它既能上树猎食猴子和小鸟，又能下地捕捉鼠、野兔、小鹿等小型哺乳动物，有时还偷吃鸡、鸭等家禽，但不敢伤害野猪、牛、马，通常也不会攻击人类。

雪豹会不会上树？

小问题

大熊猫是小熊猫的"妈妈"吗？

　　大熊猫，又名大猫熊，分布于中国四川西部、陕西秦岭南坡以及甘肃文县等地。是我国的特产动物，也是世界最稀有的珍贵兽

大熊猫正在吃竹子

在四川，人们根据小熊猫的一些特殊习性，亲切地称之为"山闷得儿"或者"山车娃儿"，而在云南人们却根据它的体形和美丽的毛色称之为"金狗"。它的身体肥胖，外形似熊又很像家猫，但比熊小得多，又比家猫大，故而得名小熊猫。

类之一。小熊猫与大熊猫其实属于两个种类的动物，不过它和大熊猫长得还真有几分相像呢。

我们说大熊猫珍贵稀有，是"国宝"，是因为它是动物界中的"活化石"。从已经发现的大熊猫的化石来看，在200多万年以前，大熊猫已在中国南方大量繁殖中。我们说大熊猫是"活化石"，不仅仅是由于它"资格老"，还因为它至今仍保留着许多古动物的特征，如脑容量小、消化器官比较简单、骨骼很笨重等。就一般动物来说，经过几十年万甚至几百万年的不断演化，早已面目全非，而大熊猫却几乎还是原来的样子。

大熊猫的外貌长得似熊非熊，似猫非猫，独具一格。它尾短体胖，头圆颈粗，眼小耳朵也小。它的体色只是平常而简单的黑白两色，头部和身体是白色，四肢和肩膀是黑色，还有一对黑耳朵和一对八字形的黑眼圈。这副长相虽然不十分美丽动人，可也别具一番风韵。大熊猫常常拖着笨拙的身体，把头埋得低低的，大摇大摆地走路。大熊猫是行动起来笨手笨脚的，然而小熊猫却又伶俐又可爱。

　　小熊猫，又叫小猫熊，长相惹人喜爱，天生就像卡通片中的演员。小熊猫在地面上行动迟缓笨拙，不过它爬树的本领很高，一

小　熊　猫

下子就能爬到很高很细的枝头上去。白天大部分时间在盖着一层淡红棕色苔藓的树上休息、睡觉，遇到风和日丽的天气，也喜欢蹲卧在岩石上晒太阳，显得十分悠闲自在，所以当地的人们又叫它"山门蹲"。

小熊猫喜欢饮水，常在小溪边活动，饮水时用舌头轻轻地舔吸，好像在仔细地品尝甘泉的滋味。它们平时性情较为温顺，很少发出声音，偶尔会发出像猫叫一样"嘶嘶"的声音，还会吐唾沫，愤怒的时候则发出短促而低沉的咕哝声。小熊猫在休息的时候，胸部和腹部一般紧贴在树枝上，四条腿自然下垂，还不时地用前爪擦洗自己的白花脸，或者用舌头不断地舔弄身上的细毛，睡觉时用自己那条蓬松多毛的大尾巴蒙盖住头部或当作枕头，舒服得很。

大熊猫为什么被称为"活化石"？

小问题

你了解猴子的习性吗？

猴子与人类的文化有着不解之缘，其中尤以猕猴形象深受群众的欢迎。《西游记》中孙悟空的原型就是一只猕猴。猕猴喜欢集体生活，但猴王只有一个。猴王的宝座是靠打斗夺来的，所以年老体弱者总是退避三舍，一旦猴群中出现新生的青壮猴，而它偏偏又想过过坐王位的瘾，残酷的战斗就无法避免了。有时候猴王眼看着它的下一代渐渐长大，预感到王位要保不住，便会不顾一切对自己的骨肉痛下杀手，或者把它驱逐出去，以保住自己的江山。

猕猴可以称得上是美猴王，相比之下黑叶猴却是丑陋无比。黑叶猴身躯纤瘦，四肢细长，头小尾长，全身墨黑色。但从鬓角到嘴角长有两绺白毛，恰像两撇白胡子。它们身材干瘦，头上有一簇竖直的冠毛，好像戴了一顶瓜皮小帽。黑叶猴栖居在中国广西南部热带森林中。往往一只雄猴带着三四只雌猴，一小群一小群地游荡，但也会集成大群。它们跳跃能力很强，一次可跃出十多

吃东西的小猕猴

米。它们酷爱呆在树上，喝水也是露水或叶上积水，睡觉和吃食都坐在树枝上，尾巴垂荡下来，保持身躯平衡。

懒猴，顾名思义，是懒得动弹的那一类猴子。它们平时蜷曲在树上，白天几乎一动不动，不是睡觉就是闭目养神，只有到了晚上，才懒洋洋地蠕动起来。说它蠕动都算是抬举它，它的动作犹如电影中的慢镜头。只有当刮风树枝晃动时，懒猴才能借树枝的弹力，抓枝攀荡，超出自己平时慢慢爬动的范围。荡到一处，风停了，就在这个地方留一阵；等再起风，才又荡到别处去。真是乘风而来，随风而去，故得绰号"风猴"。

长臂猿是动物中的高空"杂技演员"兼"歌唱家"，它们前肢特别长，两臂伸开时可达1.5米左右，它们能用单臂把自己的身子悬挂在树枝上，双腿蜷曲，来回摇摆，像荡秋千一样荡越前进，一次腾空移动的距离就有3米远。如果在林间见到它们，常常会有惊鸿一瞥的感觉。长臂猿是哺乳动物中的"歌唱家"，特别喜欢鸣叫，有时会表演气势磅礴的"大合唱"，一般是成年雄兽首先发

金丝猴的尾巴和身子差不多一样长，瘦长的身体上长着柔软的金色长毛，最长可达三十多厘米，披散下来就像一件金黄色的"披风"，十分漂亮。如此耀眼夺目的外衣使它得到了"金丝猴"的美名。这些美丽的金丝猴身价非同一般，它们与大熊猫齐名，被认为是中国最著名的珍贵动物。

长 臂 猿

出引唱，然后成年雌兽伴以带有颤音的共鸣，以及群体中的亚成体单调的应和，呜喂，呜喂，呜喂，哈哈，音调由低到高，清晰而高亢，震动山谷，几千米之外都能听到。

猴子中最漂亮的是哪一类？

小问题

熊科动物有哪些个性？

　　说到熊科动物，我们熟悉的大熊猫也是其中的一员啊。也许是长期素食的缘故，它的个性变得和平而宁静，可是，我们从它的体格上还能看到熊的影子。其他的大型熊科动物可不是这样，比如棕熊，如果它们在冬眠的时候受到了打扰，那可是一件非常危险的事情。

　　棕熊也叫马熊，它能像人一样直立行走，东北地区也称它为"人熊"。棕熊的笨是出了名的，据说它捉小动物的时候，如果碰巧遇见一窝，便一个接一个地捉来往腋下塞，尽管塞了后一个掉了前一个，它仍然我行我素。这样，倒霉的总是最后一个小动物，只有它才会真正成为棕熊的点心。棕熊有冬眠的习惯，每年的10月份到次年开春这段时间，它都在睡大觉。当然，偶尔阳光灿烂的时候，它也会出洞伸伸懒腰，不过，这种活动只是短暂的梦游。

　　人们常说黑熊笨拙，其实黑熊并不笨。黑熊的体型较大，是个又肥又重的大家伙。

棕　熊

它头部较宽，相貌似狗，全身除胸前有一条明显的白色月牙状斑纹外，都是黑色的。当它站起来时，远远看去好像挂着一条白色的项链，很容易辨认出来。此外，它耳朵小，尾巴极短，走起路来整个脚掌着地，发出"砰砰"的响声。

　　黑熊是天生的"近视眼"，难怪被叫作"黑瞎子"，不过它嗅觉和听觉却很灵敏，行动谨慎而缓慢。一旦发现有危险，便迅速地逃入密林之中。它们平时性情比较温顺，不善打斗，从不主动伤害人和牲畜，但为了自卫、保护幼仔或食物，也会变得异常凶猛，尤其是受伤或被人紧逼时，会疯狂地反扑。

　　貂熊是熊家族里的强盗，生活在中国最

北部的森林里。它们有熊家族的力气，比狐狸更狡猾，比狼更凶险。貂熊爱爬树，也喜欢游泳。它总是在离水源不远的地方活动，吃完了肉，就要到溪边去喝水，喝水时看到浅水中的鲑鱼，貂熊也不会放过。冬季是貂熊最得意的季节。在大雪的掩护下，貂熊会出其不意地捕捉兔子和其他小动物。它那宽大的四只脚，对在深雪中追击有蹄类大有好处。

对貂熊来说，和比它更大的动物交战并不是什么新鲜事，除了熊和老虎，一般的食肉动物见了它都会"礼让三分"。貂熊尽量

在西伯利亚和北美，貂熊常常跟踪猎人，因为它知道跟着猎人就会找到食物。它巧妙而有步骤地吃掉落入猎人圈套的猎物，捣毁诱捕陷阱，使整个狩猎计划全部落空。有时猎人们狩猎归来，还会发现貂熊竟然闯入家中，盗走食物，并将珍贵的毛皮咬得七零八碎。

正在猎食活鱼的黑熊

避免和黑熊交战，面对黑熊侵占自己的猎物，它会明智地有所退却，但这并不意味着放弃、服输。它不时地发出威胁性的吼叫，黑熊感到很厌烦了，只好撕下一条猎物的腿，向安静的地方走去。

 小问题

哪件事最能证明棕熊是笨得出名的？

澳大利亚有些什么奇特的动物？

澳大利亚是生物世界里的桃花源，在这里生长着非常奇特的动物，例如大袋鼠、鸭嘴兽、树袋熊……都让人感到十分神奇。

一百多年前，科学家们并不相信有鸭嘴兽这种动物存在，因为它的长相实在古怪，既像爬行动物，又像哺乳动物，还像鸟类。它不但嘴、尾和脚上的蹼像鸭子，而且它还用产蛋的方式繁殖后代，这与我们熟知的

鸭　嘴　兽

哺乳动物特征格格不入。黎明或黄昏，鸭嘴兽在河边的地洞边出没。它那对小而亮的眼睛长在头的高处，既可以看清两岸，也可以扫视天空。耳朵没有耳郭，可以适应水中的生活。它身体外面披着一层褐色而有光泽的密毛，这种毛有防水功能。它的大尾巴扁平而又有力，好似一个大舵，可以帮助它快速潜泳。鸭嘴兽的四肢又短又粗，特别是前肢的蹼非常发达，一旦进入水中，就会把厚蹼展开，像鱼儿一样游来游去。

我们再来看大袋鼠，它们长得头小，耳朵大，眼睛也大，它能听到很远的声音，也能看到相当远的东西。大袋鼠的前肢短小，有点像人的双手，主要用来抓取食物，经过训练还会打拳。大袋鼠长了一对强壮的后肢，

鸭嘴兽捕食的时候通常会紧闭双眼，迅速潜到河水里，擦着河泥向前行进，用敏锐的嘴去寻找食物。它最爱吃虾、蚯蚓、昆虫的幼虫以及软体动物。鸭嘴兽的胃口可大了，每天至少要吃掉1200条蚯蚓和50多只小龙虾呢。

袋　鼠

纵身一跃，能跳过5~6米的距离和1.2~1.5米的高度，在紧急情况下，还会远远超过这个数字。因此在动物世界中，它可以获得跳高和跳远的双项冠军。

　　与中国的大熊猫一样，树袋熊是澳大利亚的国宝。在澳大利亚人眼里，树袋熊是最可爱的。树袋熊又被称为考拉，是树栖生活的动物。它爬树很有一套本领，并不是四肢交替一步步地爬，而是一段一段地向上纵跃，它甚至能够从一根树干向另一根树干大幅度地横跳。

　　树袋熊是较为低等的哺乳类，雌性的腹部有一个袋囊，那是给新生的幼儿准备的。

可爱的考拉

幼儿在袋囊里要吸乳半年之久才爬出来，而且，一遇危险，又会很自然地逃进母亲的"安全窝"里去。

袋鼠和树袋熊的共同特征是什么？

小问题

谁是鹿家族的大明星？

　　鹿在人们的心中永远是和平美丽的象征，它们姿态优雅，坚持着自己的素食主义；它们在草原与丛林里悠然自得地走来走去，就像是动物界的绅士。它们一般都有着惊人的速度，可以在强敌来犯的时候很快逃脱。当然，也有些鹿不知道怎么长的，竟然成了四不像，这是鹿家族里最另类的家伙。

　　闻名于世的长颈鹿，是现今世界上最高的动物，它的头颈和腿都非常长，站起来最高可达6米，可是实际上它们也只有七块颈骨，并不比我们人类或任何其他哺乳动物多。长颈鹿的长颈长腿，使得它站得高看得远，随时拔起长腿快速逃离险境。长颈鹿胆子非常小，对别的动物很友善。它们用梳子般的牙齿折下树叶，伸出比人的前臂还长的舌头将树叶卷进嘴里。低头喝水时，它的嘴巴常常够不到水，为了让嘴巴够到水，只好把两条前腿大大地岔开，高撅屁股，然后再把头低下伸到水面上。

梅花鹿

　　驼鹿是世界上体型最大的鹿，高大的身躯很像骆驼，四条长腿也与骆驼相似，肩部特别高耸又像骆驼背部的驼峰，因此人们称它驼鹿。驼鹿的角很漂亮，是鹿类中最大的。角的形状特殊，呈扁平的铲子状，很像仙人掌，在前方的 1/3 处生出许多尖叉。每个角最长可达 180 厘米，宽 40 厘米，重量可达 20 千克！驼鹿"水陆全能"，可以在池塘、湖沼中跋涉、游泳、潜水、觅食，行动轻快敏捷，可以一次游泳 20 多千米，甚至能潜入 5 米深的水下去觅食水生植物，再浮出水面进行呼吸和咀嚼。它能快速地奔跑，时速高达 55 千米以上，腿劲很大，一脚可以踢断直径 10 厘米的树干。

人们都很喜爱梅花鹿，主要由于它特有的白斑，状似梅花，在阳光下还会发出绚丽的光泽，因而得名。实际上，冬季它们的体毛呈现烟褐色，白斑也变得不明显，与枯茅草的颜色差不多，借以隐蔽自己。梅花鹿生活于森林边缘和山地草原地区，性情机警，行动敏捷。它们尤其擅长攀登陡坡，那连续大跨度的跳跃，速度轻快敏捷，姿态优美潇洒，能在灌木丛中穿梭自如，或隐或现。

驯鹿生活在亚洲和欧洲，它的名字是印第安人取的，原意为"用铲工作的人"，因

传说中姜太公的坐骑叫"四不象"，其实就是中国特产的动物麋鹿。它尾似马、蹄如牛、角像鹿、颈近驼，所以才被称为"四不象"。早在公元 500 年左右，野生的麋鹿就已经悄然绝迹了，仅存为数不多的麋鹿被圈养在皇家的猎苑里，供皇帝大臣们玩赏。

长 颈 鹿

为驯鹿用如铲子似的前蹄挖雪觅食。驯鹿生活在寒冷的沼泽地带，没有固定的栖息地。到了夏季它们或单独或成对地生活；冬季来临时，为了寻找食物而聚集成一大群，并常常做远距离迁移，它主要吃地衣、嫩枝、草类和蘑菇等。驯鹿是鹿类中唯一雌雄都长角的鹿，它们通常有一条很短的白色尾巴，颈部有下垂的灰白色或奶白色的长毛，所以非常容易识别。它生有一身保温的中空厚毛；腿长有力，宜于踏着深雪行走和长途迁徙。

长颈鹿和人谁的颈骨数量更多？母驼鹿有角吗？

小问题

我们都知道鱼生活在大海里，可你知道生活在海洋里的哺乳动物吗？

　　海洋中最大的动物是什么？是鲸！它也是目前我们所知道的、生活在地球上的最大的动物！蓝鲸身长约 30 米，体重达 150 吨，它比最大的恐龙还要大。体重相当于 25 头非洲象或者两三千人的体重。但庞大的身躯，并没有给鲸带来多少麻烦，因为海水的浮力，给它帮了大忙。别看蓝鲸是超大型动物，但它的食物却是非常细小，如磷虾、小

在海洋里的蓝鲸

聪明的海豚

鱼、沙鳗、小鲱鱼等。在海洋中，无数的小磷虾聚成一团。蓝鲸在吞食它们的时候，张开大嘴把大团的虾连同海水一起吞进嘴中，接着沉入水中，喷出嘴里的海水，吞进磷虾。可厉害啦！它一口可以吞进几吨海水和其中的浮游生物、小鱼、小虾。

海豚是海洋中最善于游泳的动物之一。它在大海中乘风破浪，每小时的最快游速能达 120 千米，可以超过陆地上跑得最快的猎豹。你知道吗？从上海到大连，一艘轮船要航行 30 多个小时，而海豚只需要 15 个小时略多一点就够了。在水生动物中，海豚的大脑异常发达。它可以很快学会人们教给它的许多动作，比如顶球、跳圈、跳高，还可以做许多精彩的表演。

海豚的性情特别活泼，喜欢玩耍。有时爱找海龟游戏，成群地游到海龟的身子底下，用又尖又硬的鼻子一顶，把海龟顶向海面，然后就试图把它翻转过来，让它仰面朝天；有时候，一群海豚会同时跃出水面，一下子压向海龟，把它压得沉下去好几尺，不等海龟恢复平衡，又有几只海豚压了下来。最后弄得海龟没有办法，只好把头和四肢缩进龟壳。

海豹，因为有一身豹纹似的皮毛而得名。西太平洋斑海豹又叫辽东湾斑海豹、普通海豹、大齿港海豹或港海豹，它的身体肥壮而浑圆，体长 1.2～2 米，体重约 100 千克，食量大，一头 40 千克重的海豹，一天

　　世界各地都流传着许多海豚海中救人、打捞沉船的故事。海豚为什么要救人？科学家有着不同的猜测。一种认为海豚有把同类推上海面的习性，一旦遇上了溺水者，可能误认为这是一个需要帮助的同类，于是把人推上水面。另一种猜测认为海豚喜欢推动海面的漂浮物玩耍，救人可能也是海豚玩耍的一种行为。第三种猜测认为海豚智力发达，具有救人的意识。

海　豹

能吃下 3~4 千克的鱼，但也很耐饿，20 千克重的海豹，40 天不吃鱼也不会饿死。很厉害吧？

　　海豹的潜水本领很高，一般可以潜至 100~300 米的深水处，每天潜水多达 30~40 次，每次持续 20 分钟以上，令鲸类、海豚等海洋兽类也望尘莫及。可一旦上了岸，则步履艰难，行动十分迟缓，只能依靠前肢和上体的蠕动，像一条大蠕虫一样匍匐爬行，跌跌撞撞，显得格外笨拙。

蓝鲸是怎么吃东西的？

小问题

哪里是 "大象之邦"？

你喜欢大象吗？大象力大无比，特别是它那诱人的长鼻子，具有广泛的用途呢！大象又分为亚洲象和非洲象，亚洲象的鼻子是动物中最长的，而非洲象呢，则是陆地上身体最重的哺乳动物。

亚洲象的鼻子实际上是鼻子和上唇的延长体，表面光滑，一直下垂到地面，不停地摆来摆去，能随意转动和弯曲，具有人手一样的功能。

它还能像握手一样，用互相缠绕鼻子的

亚　洲　象

方式来表达友好的情感。在进食时，先用长鼻子把植物卷上，再把它们从土地上连根拔起，在腿上或树干上拍打掉上面的泥土，然后才送进嘴里。有时折断树干和竹子枝条的声音在寂静的森林中"啪，啪"作响，传遍整个山谷。它的食量大得惊人，每天要吃大约100千克的新鲜植物，因此在野外需要占据几十平方千米的区域，作为活动或取食的领域。为了吃到足够的食物，象群还要经常

据说在17世纪时，泰国的军队中有两万多只训练有素的亚洲象冲锋陷阵，为战胜敌人立下了汗马功劳。泰国还是一个足球运动较为普及的国家，特别是每年11月份的第三个周末举行的"大象足球赛"更是激动人心，身披号码球衣的亚洲象在主人的指挥下，不停地用腿和长鼻子做出传球、抢截、拦击和射门等动作，虽然一般很少犯规，但一旦争执起来就会用鼻子钩住对方，或者用长牙将皮球扎破。但尽管如此，它们也不会被黄牌警告，更不会被红牌罚下。

非 洲 象

从一个地方走到另一个地方，边走边吃。象群走动的速度很快，奔跑起来时速可达 24 千米，一次可以跑 400～500 米。象的四条腿看上去像柱子，耳朵披在头颈的两侧。一条长鼻子可以碰到地面，象的长鼻子功能很多，除了嗅觉以外，象鼻可以说是大象四肢之外的第五肢。非洲象的公、母象和亚洲象中的公象还有一对威武的象牙，平均长度为 2～3 米，重量为 25～40 千克，而且十分坚硬，是防御和攻击的最佳武器。

亚洲象几乎受到所有产地国家的热爱，

老挝将首都取名为"万象"，泰国是拥有亚洲象最多的国家，素有"大象之邦"之称。经过训练的亚洲象又是人们的好助手，能替主人细心地看管小孩，会做各种技巧表演，在城市公园中为游人表演舞蹈、拾物、踢球、拔河、摇铃、吹口琴等节目，往往逗得人们捧腹大笑。

非洲象喜欢在热带稀疏的草原上生活。喜欢结群而居，每个象群都由一只老雌象带领。每天最炎热时休息，清晨和黄昏时外出觅食。它们最喜欢吃多汁的树枝，觅食时用鼻子卷取食物，采摘果实。当象发怒时，鼻子还可以当作战斗武器，把敢于侵犯伤害它的人或动物卷扔到很远的地方。

非洲象的数量曾经很多，因为在那片土地上，它们几乎没有天敌，很多猛兽如野牛、犀牛，甚至狮子，都会远远地避开非洲象。可惜人类带着武器杀过来，非洲象为失去那么多的伙伴而痛哭流涕。2011 年，仅在肯尼亚就有 278 头大象惨遭猎杀。

什么原因使非洲象的数量剧减？

小问题

穿山甲遇到敌人会怎么办?

穿山甲,听它的名字我们就能猜得到,它有挖穴打洞的本领,而且身披褐色角质鳞片,犹如盔甲。除头部、腹部和四肢内侧有粗而硬的疏毛外,鳞甲间也有长而硬的稀毛。全长约1米的穿山甲,头小呈圆锥状,吻长无齿,眼小而圆,四肢粗短,五趾具强爪。舌细长,能伸缩,带有黏性唾液,觅食时,能用灵敏的嗅觉寻找蚁穴。外出时,幼

穿 山 甲

　　中国古人知道穿山甲善于掘洞，掘洞时前肢挖土，后肢刨土，不一会儿就钻进土中，因身上长满坚硬的角质鳞片，挖洞迅速，好似有"穿山之术"，所以给它起名为"穿山甲"。除了白蚁以外，它还吃蚂蚁、蜜蜂和一些其他种类的昆虫。

兽就伏在妈妈的背上。

　　穿山甲白天极少活动，蜷缩于洞内睡觉，夜晚外出觅食，主要捕食蚁类，黎明前返回住地洞穴，活动范围可达5~6千米之远。

　　穿山甲既能翻山越岭，又能游泳、上树觅食白蚁。它很爱清洁，从不随地大小便，排便后习惯用前足扒土盖住粪便，实际上是为了防止猛兽闻到气味跟踪而来。穿山甲的视觉极度退化，夜晚活动全靠敏锐的嗅觉和听觉择路、觅食和避敌。

　　穿山甲遇敌或受惊时蜷成一团，头部被严实地裹在腹前方，并常伸出前肢作御敌状，若在密丛中有躲避处，遇人或敌害，则迅速逃走。它善于打洞，挖洞时，若听见过分吵

动物乐园 DONGWU LEYUAN

穿山甲遇敌或受惊时会蜷成一团

扰，即迅速遁土而去。掘到蚁巢后，它便用前肢扒碎白蚁的菌圃，将富有黏液的长舌迅速伸缩，从碎菌圃和泥沙中舔食白蚁。

穿山甲居住的洞穴大多是把蚁巢的白蚁吃光后，再搬一些干草枯叶垫在洞里，就当它自己的家。有时几个月不搬走，有时三五天就搬走。穿山甲的居住处一般冬春季节多选择向阳避风处，夏秋季节则选择阴凉通风的地方，从不马虎。

穿山甲怎么吃东西？

小问题

河狸怎样修筑堤坝

在昆虫里蜜蜂是天生的建筑大师，而在哺乳动物中间河狸就是建筑学中的佼佼者了。它不仅是建筑"住宅"的能手，而且还是筑坝专家。河狸是水陆两栖兽类，为了保持其水陆两栖的生活习性，它的巢洞都建筑于河岸边，但出入的洞口及隧道却在水下。巢室分上下两层：上层是居室，位于水平面上一点，里面温暖、干燥，住起来比较舒适；下层为仓库，位于水平面下边，供贮藏食物用。

河狸在筑巢时，常在陡峭的河岸上挖一条隧道，隧道是斜着向上走的。它们挖起土来动作很快，用前爪把土刨松，再用长着宽蹼的后爪把松土扒到身后，并逐渐把土推到洞外。河狸挖起土来全神贯注，一丝不苟，并有持久的耐力，可不间断地工作。当隧道挖到高于外面水位后，便扩宽加大，修建成一个巢洞。

为了便于河狸筑巢、游泳和潜水，在筑巢时要求水要有一定深度，当水的深度不够

河　狸

时,河狸就修筑堤坝,拦截水流,以提高水位。

　　筑坝需要大批的木材和石块,因此河狸多选择便于取材和运输的小溪或小河作为坝址。河狸的牙齿非常尖锐,几分钟就能咬断一棵小树;如遇上粗树干,它转着圈儿不停地咬,一只河狸咬累了,另一只河狸就替换它,一直到粗树干被咬断为止。然后,再咬断树枝,叼着它游泳运输到坝址;叼不动的树干,便把它咬断成一段段短木,再齐心合力将短木拖到河中,借助流水把短木冲到坝址。

　　当材料备齐后,河狸便开始筑坝。它们在筑坝时,先把粗的树干横置于底层,再从下游方向,用带叉的枝干顶牢,上面再放上树枝,压上石块。主体工程完成后,再用一些细树枝、芦苇和其他细软材料混上黏泥，将坝上的缝隙堵住、压紧，直到完全不漏水，这样堤坝就建成了。建成后的堤坝，迎水面陡而光滑，前面是一个大而深的水坑，这是河狸在筑坝时取泥挖成的，它可减缓水流的速度，从而对堤坝起到保护作用；堤坝背水的一面，则是纵横交错固定在河床和堤岸上的树枝。

河狸所建造的拦河堤坝大多都比较短、比较窄；但据说在俄罗斯的沃龙涅日地区，有一座 120 米长的河狸坝；在密西西比河盆

河狸是中国最大的啮齿动物，营半水栖生活，体长 74～100 厘米，体重 25 千克左右。头小、眼小、颈、四肢和耳短，外耳壳能折起，以防水灌入。体毛棕黄至褐色，厚而多绒毛；后足趾间到爪有蹼，适于划水；尾宽大扁平，长约 40 厘米，覆盖角质鳞片，具有舵的作用。在肛腺前方有一对能分泌"河狸香"的麝腺。

河狸修筑的堤坝

地的沼泽地区，曾有一座几百米长的河狸坝。更令人吃惊的是，在美国蒙大拿州的杰斐逊河上，有一座世界上最大的河狸坝，长达 700 米，坝上不仅可走行人，甚至可以骑马跑过，这座大型河狸坝是一个河狸家族世世代代共同创造的奇迹。

小问题

河狸在准备筑坝材料的时候是怎么对付粗树干的？

图书在版编目（CIP）数据

动物乐园 / 中国科学技术协会青少年科技中心组织编写 . -- 北京：科学普及出版社 , 2013.7（2019.10重印）

（少年科普热点）

ISBN 978-7-110-07913-3

I. ①动… II. ①中… III. ①动物 – 少年读物 IV. ① Q95-49

中国版本图书馆 CIP 数据核字（2013）第 076617 号

科学普及出版社出版

北京市海淀区中关村南大街 16 号　邮编：100081

电话：010-62173865　传真：010-62173081

http://www.cspbooks.com.cn

中国科学技术出版社有限公司发行部发行

莱芜市凤城印务有限公司印刷

※

开本：630 毫米 ×870 毫米　1/16　印张：14　字数：220 千字

2013 年 7 月第 1 版　2019 年 10 月第 2 次印刷

ISBN 978-7-110-07913-3/G · 3333

印数：10001—30000　定价：15.00 元